Wolfgang Westerwelle
Lastkraftwagen

MAN
100% Trucknology®
SACHS
BOSCH
BLAUPUNKT
TOTAL
856

S·HS 8689
S·JV 8730

Hauser Int. Ferntransporte
DA·HM 68H

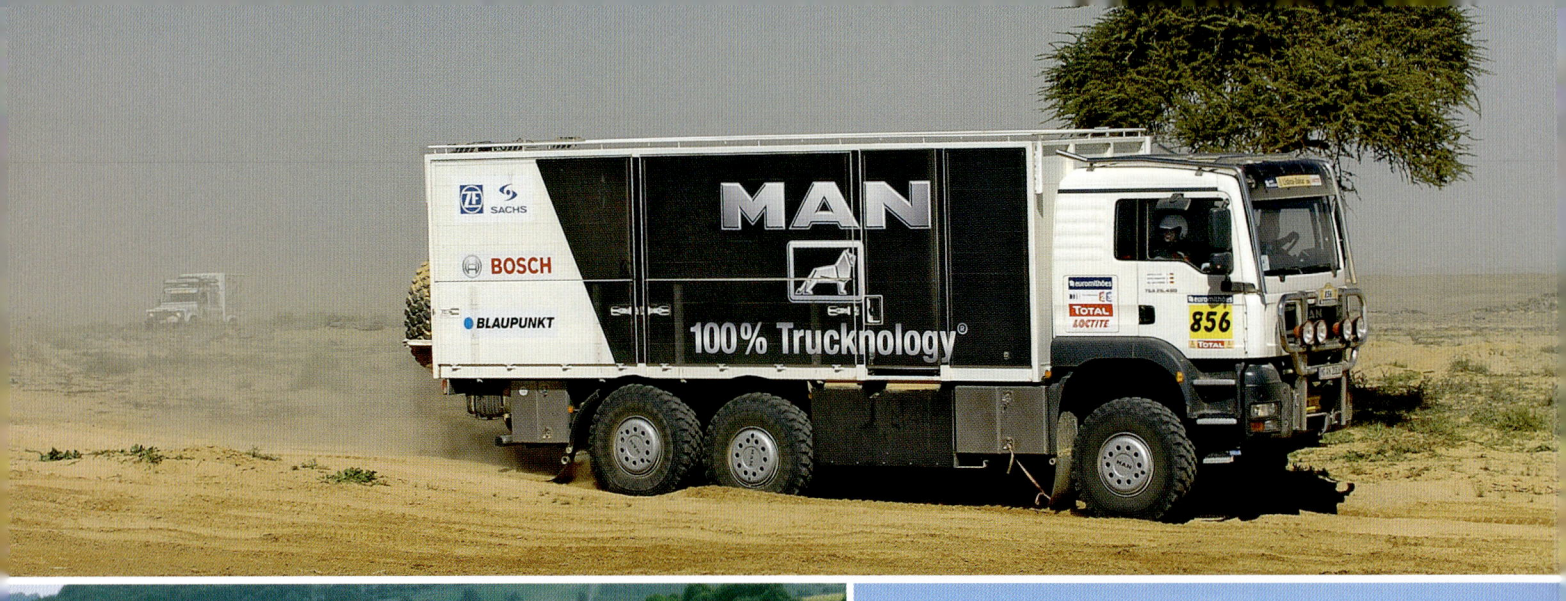

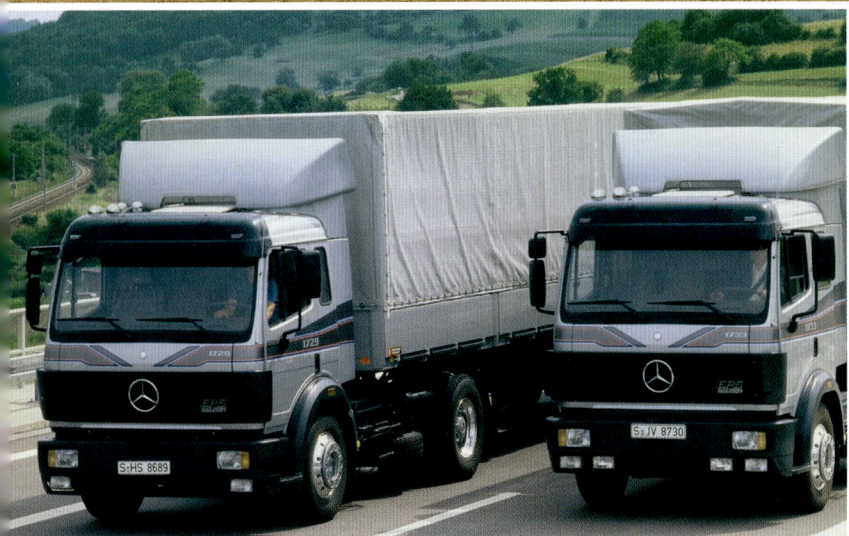

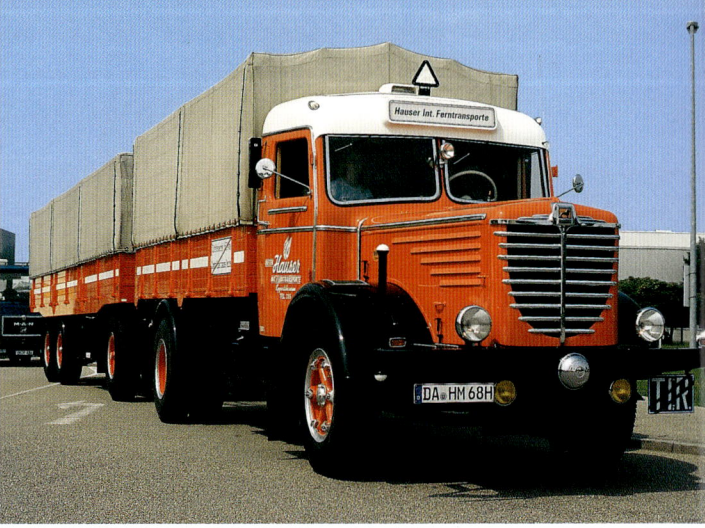

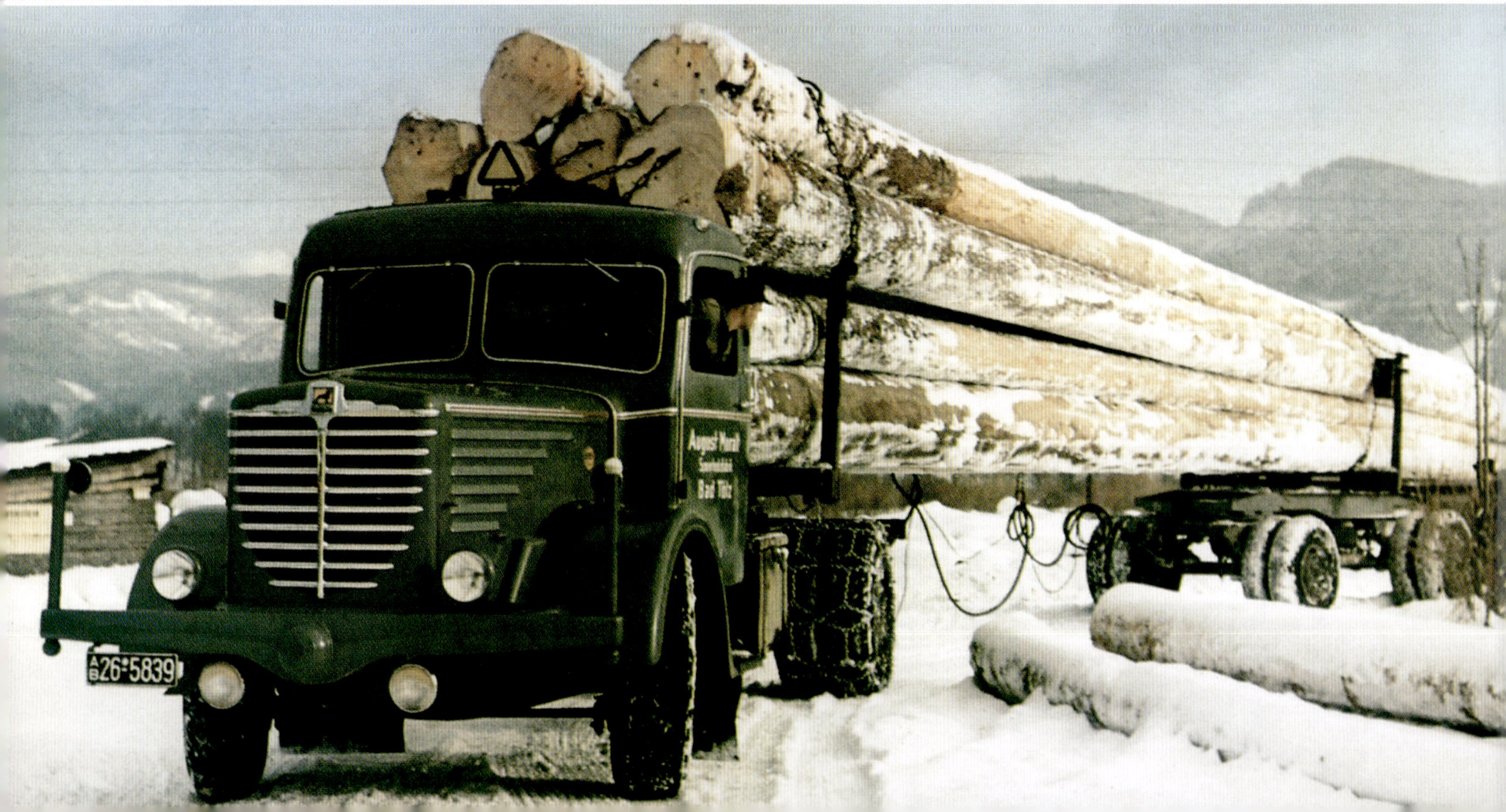
26·5839

Wolfgang Westerwelle

Lastkraftwagen

Geschichte – Technik – Typen

Unser komplettes Programm:

www.geramond.de

Produktmanagement: Martin Distler
Textredaktion: Carl-Christian Steinbeißer
Schlusskorrektur: Helga Peterz
Satz/Layout: Verlagsservice Peter Schneider
Repro: Scanner Service, S.r.l.
Umschlaggestaltung: Roman Schellmoser
unter Verwendung von Bildern von
Udo Paulitz (Hauptmotiv und unten rechts),
Archiv Daimler Chrysler (unten links),
Archiv Liebherr (unten Mitte)
Umschlagrückseite: Archiv MAN (oben),
Archiv Daimler Chrysler (unten links und
unten rechts), Audi AG (unten Mitte)
Herstellung: Thomas Fischer
Printed in Italy by Printer Trento S. r. l.

Alle Angaben dieses Werkes wurden vom
Autor sorgfältig recherchiert und auf den
aktuellen Stand gebracht sowie vom Verlag
geprüft. Für die Richtigkeit der Angaben kann
jedoch keine Haftung übernommen werden.
Für Hinweise und Anregungen sind wir jeder-
zeit dankbar.
Bitte richten Sie diese an:
GeraMond Verlag
Postfach 80 02 40
D-81602 München
E-Mail: lektorat@geramond.de

Die Deutsche Nationalbibliothek – CIP-Ein-
heitsaufnahme
Ein Titeldatensatz für diese Publikation
ist bei der Deutschen Nationalbibliothek
erhältlich.

© 2007 GeraMond Verlag GmbH, München
ISBN-13: 978-3-7654-7804-1

Vorwort

Mittlerweile einhundertzehn Jahre wird nun schon Nutzfahrzeuggeschichte geschrieben. Sie wurde eingeleitet von Carl Benz, der 1895 aus einem achtsitzigen Landauer den ersten selbstfahrenden Omnibus der Welt machte, und 1896 fortgesetzt durch Gottlieb Daimler, der sozusagen ein Fuhrwerk motorisierte, mit Bremse und Lenkung ausstattete und so den ersten Lastwagen der Welt schuf. Als dieser die ersten Meter Schotterpiste unter seine eisenbeschlagenen Räder nahm, fuhren immerhin schon rund 3.000 Automobile auf der Welt ...

Autos haben seit Beginn des 20. Jahrhunderts zunehmend den Verkehr verändert, Lastwagen haben die Wirtschaft revolutioniert. Egal welche Transportaufgabe es zu lösen gilt, der Lkw in irgendeiner seiner zahllosen Varianten ist immer dabei. Dieses Buch erzählt seine Geschichte.

Ein Anspruch auf Vollständigkeit besteht aufgrund des komplexen Gesamtthemas nicht. Das Anliegen des Autors ist es, dem Leser die Geschichte der Nutzfahrzeuge aus Deutschland in lebendiger Form und anhand interessanter Beispiele näherzubringen.

Wolfgang Westerwelle im Oktober 2007

Lkw-Geschichte

Markengeschichte

Spezialtransport eines Binnenschiffes auf der Reichsauto-bahn mit Kaelble-Zugmaschinen und „Culemeyer-Straßen-roller" von Dresden nach Ingolstadt im Sommer 1940.

Lkw-Geschichte

Was ist ein Lastwagen und welche Möglichkeiten bietet er?

Dieser Frage ging ein Zeitungsartikel im Jahre 1927 nach, der sicherlich auch aus heutigem Blickwinkel nicht uninteressant ist, stellt er doch anschaulich die technischen Probleme, im Zusammenhang mit den gesetzlichen Gegebenheiten jener Tage, dar.

„Der Lastwagen in seiner eigentlichsten Form ist der Pritschenwagen. Auf geraden, kräftigen Längsträgern ruht eine ebene Ladefläche zur Aufnahme von Stückgut oder schweren Teilen. Man unterteilt die Lastwagen je nach der Aufnahmefähigkeit in leichte und schwere Wagen und bezeichnet sie mit der Größe ihrer Nutzlast. Man hat natürlich auch versucht, dem Lastwagen altbekannte Vorteile zur Schonung des transportierten Gutes zukommen zu lassen. Hierzu gehört zum Beispiel die Ausrüstung mit Luftbereifung. Leider ist dies nur bei den leichteren Wagen möglich, da die Riesenluftbereifung begrenzte Tragfähigkeit hat. Man findet sie jedoch wieder bei den schweren Wagen, die zur Personenbeförderung dienen, da hier die Nutzlast geringer ist, als es eigentlich der Tragfähigkeit des Fahrgestells entspricht. Die leichten Lastwagen kann man ungefähr bis zu einer Tragfähigkeit von zwei Tonnen rechnen. Darüber hinaus beginnen die schweren Wagen.

Bei drei Tonnen Tragfähigkeit findet man oft noch Luftbereifung, während die Vier- bis Fünftonner ausschließlich Vollgummi- oder Elastikbereifung haben. Leider ist in Deutschland das Gesamtgewicht eines betriebsfertigen, beladenen zweiachsigen Wagens mit neun Tonnen begrenzt. Da das Gewicht des Fahrgestells eines schweren Wagens mindestens dreieinhalb Tonnen ist, das Gewicht des Aufbaus einschließlich Betriebsstoff mindestens eine Tonne, so sind viereinhalb Tonnen die höchste Traglast, die in Deutschland von der Polizei zugelassen werden kann.

Will man darüber hinaus größere Lasten auf einmal befördern – und die Eigenart vieler Betriebe erfordert dies –, so muss zu mehrachsigen Fahrzeugen gegriffen werden. Aber auch auf diesem Gebiet sind die Möglichkeiten durch das Kraftfahrzeuggesetz beschränkt. Es sind zwar Fahrzeuge bis zu 15 Tonnen Gesamtgewicht mit drei Achsen zu-

Dieser Benz-Gaggenau ist, wie man sieht, bereits ein richtiger Lastwagen.

lässig, aber nur dann, wenn die Räder luftbereift sind. Damit ist die Bestimmung eigentlich illusorisch geworden, da Luftbereifung für so hohe Drucke bisher nicht gebaut wurde. Man findet daher das dreiachsige Fahrzeug in Deutschland auch fast ausschließlich zur Beförderung von Personen, wobei die vorhandene Tragkraft nicht voll ausgenutzt wird und die Luftbereifung der Behaglichkeit der Fahrgäste dient."

Der erste Lastwagen fuhr ...

Allgemein gilt 1896 als Geburtsjahr des ersten Lastkraftwagens – und dass es Gottlieb Daimler war, der ihn mit Wilhelm Maybach konstruierte und der Öffentlichkeit präsentierte, zweifelt eigentlich auch niemand an. Andererseits gibt es Unterlagen in der Werkschronik der Daimler-Motoren-Gesellschaft, die auf ein entsprechendes Fahrzeug bereits im Jahre 1891 hinweisen. Auch in den Aufzeichnungen von Wilhelm Maybach finden sich Hinweise, die einen solchen Rückschluss zulassen. Konkrete Dokumente aus dieser Zeit, die als eindeutige Belege weiterhelfen könnten, existieren dazu jedoch nicht. Dafür belegen die Kommissionsbücher der Daimler-Motoren-Gesellschaft den Verkauf eines „Lastwagens" an die British Motor Syndicate Ltd. (London) mit dem Datum 1. Oktober 1896. Die technische Beschreibung weist die Fahrzeugnummer 42 und die Motornummer 1140 aus. Der Motor wird mit „Phoenix" angegeben (zwei Zylinder, vier PS bei 700 U/min.).

Ein zeitgenössisches Verkaufsprospekt für einen Lastwagen der Daimler-Motoren-Gesellschaft enthält den folgenden Textauszug: „Im Anschluss an die dem Personenverkehr dienenden Daimler-Wagen wurde vorstehend abgebildeter Daimler-Lastwagen angefertigt, welcher bestimmt ist, den Frachtverkehr zu vermitteln."

Der Motor dieses ersten Automobils für den Frachtverkehr war eine Konstruktion von Wilhelm Maybach. Er hatte parallel stehende Zylinder in einem gemeinsamen Block. Das sehr kleine Kurbelgehäuse

Auch Spezialfahrzeuge, wie dieser Sprengwagen vom Typ Benz-Gaggenau DC 2C, tauchten recht bald auf den Straßen auf.

Prospekttitel anno 1896: der erste Lkw von Gottlieb Daimler. Die Ausführung entsprach noch nicht den späteren Verkaufsvarianten.

war horizontal teilbar. Die Ventilsteuerung erfolgte durch ein stehendes, gesteuertes Auslassventil und ein darüber angeordnetes, als „Schnüffelventil" ausgelegtes Einlassventil. Zwischen den beiden Ventilen war das liegende Glührohr der ungesteuerten Zündung montiert. Angebracht war der Motor im Heck durch eine elastische Aufhängung. Die Kraftübertragung erfolgte mittels des von Gottlieb Daimler bevorzugten Riemen-Ritzelantriebes. Die Kettenlenkung erfolgte über einen Drehschemel. Gefedert war das Fahrzeug mit vorne quer eingebauten Vollelliptik-Blattfedern und einer Schraubfederung hinten. Gebremst wurde mit einer kombinierten Hand- und Fußbremse, die, wie beim Fuhrwerk, durch Holzklötze auf die eisenbeschlagenen Holzspeichenräder wirkte. In Fahrt benutzte man die Fußbremse, zur Absicherung des stehenden Fahrzeugs diente die Handbremse. Vier Vorwärtsgänge und eine sogenannte „Reversiervorrichtung" standen zur Fortbewegung zur Verfügung. Die in den einzelnen Gängen erreichbaren Geschwindigkeiten lagen zwischen drei und zwölf Stundenkilometern. Die Steigfähigkeit lag bei zwölf Prozent. Für die „Normalversion" wurde eine Reichweite von beachtlichen 200 Kilometern angegeben. Auf besonderen Wunsch konnte auch ein zweiter Tank eingebaut werden, der dann eine Fahrtstrecke von 400 Kilometern ermöglichen

Nach umfangreicher Praxiserprobung präsentiert Daimler den neuen Fünftonner im Jahr 1898 in Paris.

sollte. Neben der Grundversion, die einen 4-PS-Motor eingebaut bekam, standen auch bei diesem ersten Modell bereits stärkere Aggregate zur Auswahl. Es handelte sich dabei um Motoren, die jeweils um zwei PS in der Leistung gesteigert waren. Verfügbar waren insgesamt vier Motoren mit vier, sechs, acht und zehn PS. Mit der Motorleistung stiegen auch gleichzeitig die Nutzlast und das Gesamtgewicht an. Der 4-PS-Wagen hatte eine Nutzlast von 1.500 Kilo und ein Wagengewicht von 1.200 Kilo. Bei sechs PS waren es 2.500/1.500 Kilo, bei acht PS 3.750/2.000 Kilo und bei zehn PS 5.000/2.500 Kilo.

Wie beim Fuhrwerk saß der Fahrer auf einem ungeschützten Kutschbock und war somit Wind und Wetter ausgeliefert. Um für den Winter wenigstens etwas Abhilfe zu schaffen, gab es als Sonderzubehör eine Art Fußbodenheizung, bei der Kühlwasser durch einen Heizkörper unterhalb des Wagenfußbodens geleitet wurde. Als Sonderausstattung gegen Aufpreis konnte die stoffbespannte Sitzbank des Fahrers auch mit einer bequemen Lederpolsterung ausgestattet werden.

Serienmäßig gab es einen umfangreichen Werkzeugsatz mit unter anderem Ölkanne, Fettbüchsen, Hammer, Flachzange, Feile, Radschlüssel, Gabelschlüssel, Luftpumpe, Anlasskurbel. Preislich gestaltete sich der erste Lastwagen in die Kategorien 4.600 Mark, 5.600 Mark, 6.680 Mark und 7.730 Mark.

Daimler und Benz – Zwei geniale Konstrukteure, eine Idee

Es ist häufig so: Am Anfang entsteht aus einer Idee eine bahnbrechende Erfindung und keiner will sie haben. So erging es auch Daimler, als er 1892 dem preußischen Heeresministerium einen „Lastwagen mit Motorantrieb" anbot. „Kein Interesse", signalisierte ihm das Militär.

Seinem ersten „zivilen" Projekt war ein ähnliches Schicksal beschieden. Der Lastwagen mit einem Zweizylinder-Viertaktmotor (Leistung vier PS) erregte zwar viel Aufsehen, doch kaufen wollte ihn niemand.

Abschrecken ließ sich Daimler aber deswegen nicht und bot drei Jahre später eine ganze Produktpalette von Motorlastwagen an. Die Fahrzeuge gab es in unterschiedlichen Nutzlastklassen (1,5, 2,5, 3,75 und 5,0 Tonnen), ausgerüstet mit dem neuen „Phoenix-Motor", den es mit vier, sechs, acht, zehn und zwölf PS gab. Der Antrieb erfolgte über Riemen auf ein Vorgelege und von dort mittels Zahnrädern auf die Zahnkränze der Triebräder. Alle Räder waren mit Eisenreifen versehen. Die erreichbaren Geschwindigkeiten lagen zwischen drei und zwölf Stundenkilometern. Die Antriebsriemen und das Getriebe hatten eine Lederverkleidung. Es gab bereits einen Rückwärtsgang und eine Warmwasserheizung „auf dem Bock", dem offenen Fahrersitz. Die Lenkung war in Drehschemelbauart ausgeführt. Eine Klotzbremse, wie bei Fuhrwerken, wirkte auf die Hinterräder.

Gottlieb Daimler

Gottlieb Daimler, der eigentlich Gottlieb Däumler hieß, kam am 17. März 1834 in Schorndorf (Württemberg) als Sohn eines Bäckermeisters zur Welt. Nach dem Besuch der Realschule machte er eine Lehre als Büchsenmacher. Nach der Gesellenprüfung arbeitete er u. a. in einer Maschinenbaufirma. Das technische Interesse ließ ein Maschinenbaustudium an der Polytechnischen Schule in Stuttgart folgen (1857–1859). Es schlossen sich Studienreisen nach Frankreich und England an.

Von 1862 bis 1865 arbeitete Daimler als Konstrukteur in einer Geislinger Metallwarenfabrik. 1865 übernahm Gottlieb Daimler die Leitung einer Maschinenfabrik in Reutlingen. Hier traf er auf Wilhelm Maybach, mit dem ihn eine lebenslange Freundschaft verbinden sollte.

Nach einem kurzen Zwischenspiel (1869–1872) bei der „Karlsruher Maschinenbaugesellschaft" nahmen Daimler und Maybach ein Angebot der „Gasmotorenfabrik Deutz" an, wo Firmeninhaber Nikolaus Otto an einem neuartigen Motor experimentierte. Unter Daimlers Leitung brachte Maybach den „Otto-Motor" zur Serienreife.

Nach Differenzen mit Nikolaus Otto verließen Daimler und Maybach im Jahre 1882 die Firma. Daimler nahm im Gepäck ein Aktienpaket mit, das er als Entschädigung von Otto bekommen hatte. Der Wert: Nominell 112.000 Reichsmark. Bereits ein Jahr später warfen die Deutz-Aktien 96 Prozent Gewinn ab. Kapital, das Daimler gut gebrauchen konnte, denn er gründete in Cannstadt bei Stuttgart eine eigene Versuchswerkstatt. Sein Plan: die Entwicklung kleiner, leistungsstarker Motoren, die man mit Benzin anstelle von Gas betreiben kann.

Benzin wurde bis zum damaligen Zeitpunkt nur in der Gummi- und Harzindustrie sowie als Fleckmittel genutzt. Daimler entwickelte ein Verdunstungs- und Ladeverfahren, das den Einsatz von Benzin als Treibstoff ermöglichte.

1883 erhielt er das Patent für seinen, gemeinsam mit Maybach entwickelten, Einzylinder-Viertaktmotor mit Glührohrzündung. Dieser Motor zeichnete sich durch eine kompakte Größe und ein niedriges Gewicht aus.

Im Jahre 1885 entstand unter Daimlers Leitung das wahrscheinlich erste Motorrad der Welt. Die Konstruktion Maybachs wurde als „Petroleum-Reitwagen" bezeichnet. Es handelte sich dabei um ein zweirädriges Fahrzeug mit zusätzlichen Stützrädern. Als Antrieb fungierte ein Motor mit 0,5 PS.

Daimler, der sich eigentlich auf die Entwicklung von Motoren konzentrieren wollte, ging nun noch einen Schritt weiter und konnte 1886 das erste vierrädrige Automobil der Welt vorstellen, den „Daimler-Stahlwagen".

Die Geburtsstunde des ersten Lastwagens schlug im Jahre 1896 und auf Anregung des Kaufmanns Emil Jellinek wurde 1899 die Konstruktion und der Bau eines Rennwagens aufgenommen. Das Modell bekam den Namen Jellineks Tochter: „Mercedes".

Gottlieb Daimler erlebte den eigentlichen Siegeszug seiner Autos nicht mehr. Die vielen, vor allem wirtschaftlichen Probleme, mit denen seine noch junge Firma zu kämpfen musste, hatten seine Gesundheit stark beeinträchtigt. Er verstarb am 6. März 1900 in Cannstadt.

Ein großer Erfolg gelang Gottlieb Daimler am 1. Oktober 1896. Ein 2,7-Tonnen-Lastwagen wurde verkauft – sogar ins Ausland, nach England. Allerdings soll dieser Kauf mehr den Hintergrund gehabt haben, die zukunftsweisende Technik auszuspionieren. Beteiligt daran waren in erster Linie ein Deutscher mit englischem Pass, Frederick Richard Simms, und ein Engländer mit deutschem Namen, Otto Mayer. Das erworbene Fahrzeug wurde so oder so zum Meilenstein der Nutzfahrzeuggeschichte, denn es begründete den Kraftfahrzeugbau auf der Insel. In England hatte man bis dahin eindeutig den Dampfantrieb favorisiert. Nun war eine Trendwende in Sicht, wenngleich es noch ein weiter Weg war, bevor der Benzinmotor sich endgültig durchsetzen konnte. Noch steiniger schien dieser Weg in Deutschland zu sein, denn hier war zwar Interesse erkennbar, doch Käufer blieben aus.

Ähnliche Erfahrungen sammelte auch Carl Benz, dem in der Silvesternacht 1879/80 zunächst der Probelauf eines zuverlässigen Zweitaktmotors gelang und der dann 1883 seinen ersten Viertaktmotor konstruierte. Ort war die Mannheimer Gasmotorenfabrik, doch dort war man nicht an den zukunftsorientierten Plänen von Benz interessiert, einen schnelllaufenden Motor in ein Fahrgestell einzubauen. Carl Benz gründete daraufhin eine eigene Firma und konstruierte 1885 sein erstes Fahrzeug, den sogenannten „Patent-Motorwagen". Der Wagen, der einer Pferdekutsche sehr ähnlich sah, war dreirädrig und wurde von einem Zweitaktmotor angetrieben. 1886 erschien eine Version mit einem schnelllaufenden Viertaktmotor. 1895, noch bevor der erste Lastwagen fuhr, wurde auf der Strecke Siegen-Netphen-Deutz kurzzeitig ein achtsitziges Benz-Fahrzeug eingesetzt – der erste Benzin-Omnibus der Welt.

Auch Carl Benz wandte sich dann, wie Gottlieb Daimler, zunehmend dem Lkw-Bau

zu. Im Jahre 1900 standen drei verschiedene Typen zur Auswahl: Ein 1,25-Tonner mit sechs PS, ein 2,5-Tonner mit zehn PS und ein Fünftonner mit 14 PS. Zum Einbau kam ein „Contra"-Motor mit gegenüberliegenden Zylindern. Durch den besseren Massenausgleich waren höhere Drehzahlen möglich. Eine weitere Besonderheit war die Anordnung des Motors über der Lenkachse. Durch den damit vergrößerten Abstand von Motor zur Antriebswelle wurde ein längerer und gegen Streckung nicht mehr so empfindlicher Riemenantrieb möglich, der längere Fahrzeiten ohne Kürzung des Riemens gestattete. Außerdem wurde dadurch ein weicheres Anfahren und mehr Elastizität beim Geschwindigkeitswechsel erreicht.

Neben rein technischen Parallelen gab es auch finanz-wirtschaftliche Dinge, die Daimler und Benz verbanden, ohne dass sich beide persönlich kennengelernt hatten. Bereits ab 1886 gründete die Daimler-Motoren-Gesellschaft (DMG) Beteiligungsgesellschaften in England; als erste die Daimler Motor Syndicate Ltd. in London und ab 1897 die Daimler Motor Company Ltd. in Coventry. Dort wurde wenig später der Bau von Lastkraftwagen aufgenommen. Das erste vergleichbare Fahrzeug in Frankreich fuhr im Oktober 1898. Es war ein Fuhrwerk von Panhard & Levassor mit einem Acht-PS-Daimler-Phoenix-Motor.

Nahezu gleichzeitig mit der Lieferung eines Daimler-Lastwagens nach England und der Gründung der Daimler Motor Co. Ltd. in Coventry konnte die Rheinische Gasmotorenfabrik Benz & Co. (Mannheim) über die von einem Benz-Vertreter in Paris etablierte Anglo French Motor Carriage Co. Ltd. (gegründet 1896) Lieferwagen in England absetzen. Diese Sieben-PS-Wagen mit 250 Kilo Tragkraft waren im heutigen Sinn keine echten Lkws. Dieses Geschäft bildete aber den Grundstock zu Nachfolgeaufträgen, die 1902

Carl Friedrich Benz

Als Sohn eines Lokomotivführers am 25. November 1844 in Karlsruhe geboren, zeigte Carl Benz schon früh Interesse an der Technik. Nach dem Besuch des naturwissenschaftlich orientierten Lyzeums (Polytechnikum) seiner Heimatstadt Karlsruhe studierte er von 1860 bis 1864 Maschinenbau, um sich dann als Schlosser und Konstrukteur Kenntnisse im Lokomotiv-, Fahrzeug- und Brückenbau anzueignen.

1871 gründete er mit einem Geschäftspartner eine Eisengießerei und mechanische Werkstätte, die aber nur mit größten Schwierigkeiten über Wasser gehalten werden konnte. In dieser Zeit reiften bereits Pläne für ein selbstbewegliches Fahrzeug heran, das nicht an Schienen gebunden ist. Im Jahre 1877 begann Benz einen Ein-PS-Gasmotor zu konstruieren, der drei Jahre später einsatzbereit war. Es handelte sich um einen Zweitakter, da das Viertakt-System noch durch die Patente von Otto geschützt war. Carl Benz gründete 1880 eine erste Aktiengesellschaft mit fünfprozentiger Beteiligung und forcierte die Gasmotorenherstel-lung. Da ihm die Kapitalgeber Auflagen für die Konstruktion machten, kam es 1883 mit neuen Gesellschaftern zur Gründung einer neuen Firma in Mannheim („Carl Benz & Cie., Rheinische Gasmotoren-Fabrik OHG").

1885 war das erste Automobil von Carl Benz funktionstüchtig. Der dreirädrige „Patent-Motorwagen" war mit einem Zweitaktmotor ausgerüstet. Das Problem der lenkbaren Vorderachse wurde durch das Einzelrad vorne umgangen.

Am 26. Januar 1886 erhielt Benz für die Erfindung des „Selbstbeweglichen" ein deutsches Reichspatent. Patente aus Frankreich, England und den USA folgten kurz darauf. In der deutschen Öffentlichkeit erntete das ungewöhnliche Gefährt zunächst jedoch nur Unverständnis und Ablehnung.

Im Jahre 1888 führte Carl Benz sein Fahrzeug täglich zwei Stunden auf der „Münchner Kraft-und Arbeitsmaschinenausstellung" vor. Die Presse zeigte sich begeistert und die Ausstellungsleitung vergab eine Goldmedaille an Benz. Käufer fand er aber keine. Ein Jahr später endete die Pariser Weltausstellung mit einem ähnlich enttäuschenden Ergebnis.

Carl Benz verließ aber nicht der Mut. Er begann nun mit der Konstruktion seines ursprünglich geplanten vierräd-rigen Fahrzeugs. Das schwierige Problem löste Benz schließlich und meldete die „Wagenlenkvorrichtung mit tangential zu den Rädern zu stellenden Lenkkreisen" als Patent an. Damit stellte sich so langsam der ersehnte Erfolg ein. Die nun anziehende Produktion machte einen höheren Kapitalbedarf notwendig, was 1899 die Umwandlung seines Unternehmens in eine Aktiengesellschaft zur Folge hatte. Leiter der Motorwagenabteilung war zu diesem Zeitpunkt August Horch, ein weiterer Pionier des aufkommenden Automobilzeitalters, der sich nun, an der Schwelle zum neuen Jahrhundert, mit einer eigenen Firma selbstständig machte. Sein Name steht noch heute für hochwertige Personenkraftwagen.

Das neue Jahrhundert brachte für Benz den Durchbruch. So wurden 1900 bereits 603 verschiedene Fahrzeuge gebaut, bis hin zum Rennwagen. Drei Jahre später gab es allerdings einmal mehr innerbetriebliche Auseinandersetzungen, in deren Verlauf Carl Benz seinen Rückzug aus der Gesellschaft bekannt gab und mit seinen Söhnen in Ladenburg (bei Mannheim) ein neues Unternehmen gründete.

Carl Friedrich Benz, einer der ganz großen Automobilpioniere, starb nach einem erfüllten Leben am 4. April 1929 in Ladenburg.

mit der Bestellung von 100 Stück dieser „Lieferungswagen" für Warenhäuser gipfelten.

Daimler und Benz hatten beide, obwohl getrennte Wege gehend, mit ihren Fahrzeugen einen ersten großen Erfolg auf einem neuen Markt erzielt, der stetig zu wachsen begann – allerdings noch nicht in Deutschland.

Im Deutschen Reich war das Interesse an Kraftfahrzeugen, und insbesondere an Lastkraftwagen, noch immer sehr gering. Eine Abhilfe wollte man ab 1897 mit der regelmäßigen Durchführung von Automobilausstellungen und verstärkter Werbung schaffen, doch erst ab 1902 war ein Durchbruch erkennbar – und aus dem wachsenden Interesse heraus setzte das Entstehen einer Nutzfahrzeugindustrie ein. Die ursprünglichen Pioniere dieser Fahrzeuggattung, also Daimler und Benz, standen plötzlich einer ganzen Reihe von Mitbewerbern gegenüber.

Die Zeit bis zum 1. Weltkrieg

Technik der ersten Stunde

Von der Konstruktionsweise unterschieden sich die Fahrzeuge der Anfangszeit kaum: Front- oder Heck-Zweizylindermotoren mit einem Kettenantrieb, eisenbereifte Holzfelgen und Klotzbremsen. Nur Büssing baute die Motoren von Anfang an über der Vorderachse ein. Die Fahrgestelle bestanden teilweise aus armierten Eichenholzbalken oder aus profilierten Eisenträgern. Zwischen dem hohen Gewicht der Fahrzeuge und der damals noch sehr geringen Motorleistung bestand ein entsprechendes Missverhältnis.

Bereits 1898 wurde erstmals beim Bau von Nutzfahrzeugen die Niederspannungsmagnetzündung von Bosch eingeführt. Sie verdrängte rasch die bis dahin verwendete Glührohrzündung. Ein Jahr später vollzog sich ein weiterer Wechsel: Der Übergang zum Vierzylindermotor beim Lkw-Bau in den Leistungsstufen von über zehn PS.

Während der Lastwagen im Ausland schnell an Interesse gewann und die Bedeutung stetig zunahm, verschlief man in Deutschland diese Entwicklung förmlich.

Eine erste Produktionsstatistik aus dem Jahre 1901 wirft die Herstellung von ganzen 39 „Nutzkraftwagen" aus, die überwiegend von Daimler gefertigt waren.

Ein wirtschaftlicher Knick in den Jahren 1907/1908 bremste die Entwicklung zusätzlich und brachte für einige Firmen, die sich dem Kraftfahrzeugbau zugewandt hatten, das Aus. Nach dem Überstehen dieser ersten Krise ging es dann aber doch relativ schnell wieder aufwärts.

1910 wurde erstmals die Fertigungsmarke von 1.000 übertroffen: 1.121 Nutzfahrzeuge verließen die Werkshallen. 1913 waren es dann bereits 2.800, meistens in den Klassen von zweieinhalb bis fünf Tonnen, die von 14 Herstellern ausgeliefert wurden. Allerdings muss hierbei noch berücksichtigt werden, dass viele Lastwagen für den Export gebaut wurden. Aus der gesamten deutschen Produktion gingen Nutzfahrzeuge im Wert von 3,2 Millionen Mark ins Ausland, darunter waren neben zahlreichen europäischen Staaten auch Japan und die USA.

1907. Die erste Unfallstatistik

Das Statistische Bundesamt (Wiesbaden) veröffentlichte im April 2006, aus Anlass des 100-jährigen Bestehens der Straßenunfallstatistik, einige interessante Zahlen. So war das Unfallrisiko, bezogen auf den Kraftfahrzeugbestand, im Zeitraum 1906/1907 56-mal so hoch wie im Jahr 2005.

Zwanzig Jahre nach der Patenterteilung für das erste Automobil sah sich die Regierung

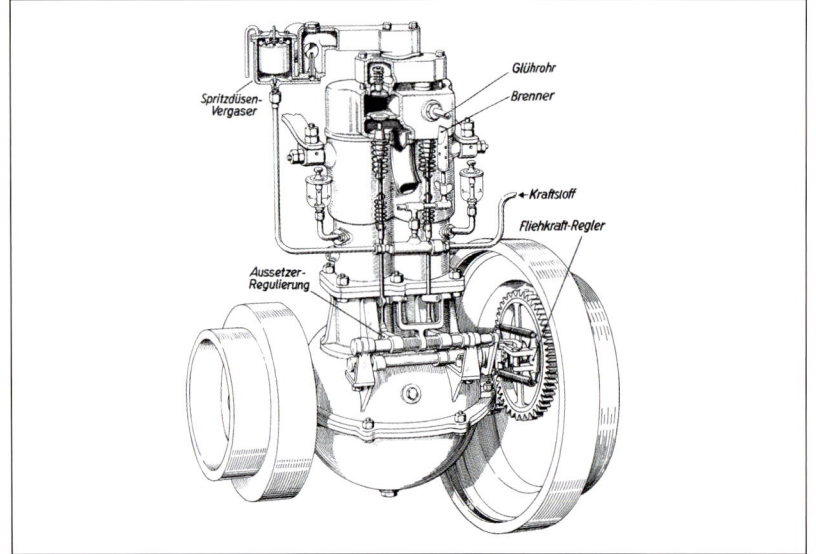

Zeichnung des von Wilhelm Maybach konstruierten „Phoenix-Motors".

Die Produktionszahlen stiegen nur langsam:	
1903:	140 Fahrzeuge
1906:	352 Fahrzeuge
1907:	504 Fahrzeuge
1908:	493 Fahrzeuge

des Deutschen Reiches veranlasst, eine „Statistik der beim Betrieb von Kraftfahrzeugen vorkommenden schädigenden Ereignisse" ab dem 1. April 1906 einzuführen.

Wenige Monate später, ab Januar 1907, wurde zum ersten Mal auch der Kraftfahrzeugbestand erhoben. Ermittelt wurden für den ersten Stichtag: 27.026 zugelassene Kraftfahrzeuge im Deutschen Reich, davon 15.954 Krafträder, 10.115 Autos und 957 Lastkraftwagen.

Im ersten Berichtsjahr (1. Oktober 1906 bis 30. September 1907) wurden 4.864 Unfälle gezählt, bei denen 145 Personen getötet und 2.419 verletzt wurden. 85 Prozent der Getöteten kamen bei Unfällen mit Personenkraftwagen ums Leben, obwohl der Pkw-Anteil am Kraftfahrzeugbestand zu dieser Zeit nur bei 37 Prozent lag. Fazit: Autofahren war somit in den „Pionierjahren" noch deutlich gefährlicher als heute. Insgesamt ist der Kraftfahrzeugbestand bis 2005 auf das 2.083-fache gestiegen, die Zahl der Verkehrstoten aber „nur" auf das 37-fache.

Hohe Motorleistung schien damals die Fahrer besonders leicht zu überfordern. Von den 54 zugelassenen Kraftfahrzeugen mit mehr als 40 PS waren 48 im ersten Berichtsjahr in Unfälle verwickelt. Der Zusammenstoß mit einem anderen Kraftfahrzeug war bei der damaligen Dichte an Fahrzeugen ein seltenes Ereignis: 196 derartige Kollisionen (vier Prozent aller Unfälle) wurden im Zeitraum 1906/1907 gezählt, davon allein 152 in Berlin.

Häufig waren Unfälle mit Fußgängern oder Radfahrern (32 Prozent), mit Reitern und Gespannen (27 Prozent), Straßenbahnen (11 Prozent) oder eine Folge des Durchgehens von Zugtieren (10 Prozent).

Zu Beginn des 1. Weltkriegs, im August 1914, wird der Gesamtbestand an Nutzfahrzeugen im Deutschen Reich mit 9.639 beziffert.

Gut erkennbar ist bei diesem Daimler-Fünftonner aus dem Jahre 1896 der Riemenantrieb. Das Vierganggetriebe übertrug die Leistung vom Untersitzmotor auf die Ritzelachse.

Die Industrie entdeckt den Kraftfahrzeugbau
Bereits vor Ausbruch des Krieges hatte sich innerhalb der deutschen Kraftfahrzeugindustrie eine Menge getan. Eine ganze Reihe von Fusionen hatte ab etwa 1907 das Bild der allerersten Phase sichtbar verändert.

Nach einer gewissen Abwartungshaltung waren bis 1905 zahlreiche Firmen, die zu einem Großteil im Maschinenbau und der Feinmechanik angesiedelt waren, auch zum Fahrzeugbau übergegangen. Dabei wurde oftmals das ursprüngliche Produkt weitergebaut. Einige Beispiele für solche Firmen sind: Adler, Dürkopp, MAN, Stoewer und VOMAG. Firmen wie Mannesmann kamen aus der Eisenindustrie, während NAG (AEG) und Hansa-Lloyd (NAMAG)

Beispiele für „Ableger" aus der Elektroindustrie sind. Aus dem Feuerwehrbau kam unter anderem Magirus in Ulm, während zum Beispiel BMF, DAAG und Protos „echte" Neugründungen für den Fahrzeugbau darstellten.

In den Jahren 1907/08 warf eine Wirtschaftskrise ernste Schatten auf die deut-

sche Industrie. Erhebliche Produktionsein-
brüche waren zu verzeichnen und führten zu
Einschnitten bei der Automobilproduktion.
Es gab eine Reihe von Veränderungen. Man-
che Mitbewerber stiegen komplett aus, an-
dere suchten das Heil im Zusammenschluss
mit früheren Konkurrenten. So wurden die
Berliner Motorwagen-Fabrik (BMF) und die
Oryx-Motorwerke von dem Bielefelder Unter-
nehmen Dürkopp gekauft, die Süddeutsche
Automobilfabrik (SAF) in Gaggenau und die
Benz & Cie. AG (Mannheim) fusionierten zur
Benz-Werke Gaggenau GmbH, Scheibler
(Aachen) ging in der Motorlastwagen AG
(MULAG) auf, die wiederum 1913 von Man-
nesmann geschluckt wurde und als Mannes-
mann-MULAG weitergeführt wurde. Im
Norden Deutschlands war es die Hansa Auto-
mobilwerke AG (Varel i. O.), die 1914 in den
Hansa-Lloyd-Werken (Bremen) aufging. Im
gleichen Zeitraum machte die Technik rasche
Fortschritte.

Technische Fortschritte

Bestanden in der Anfangszeit des Automobils die Fahrgestelle aus mit Metall verstärkten Holzbalken oder Eisenträgerprofilen, so
kamen jetzt U-Träger mit Quertraversen zur
Verwendung. Die geschmiedete Doppel-T-
Achse setzte sich immer mehr durch und die
Motoren waren kaum mehr Zweizylinder,
sondern jetzt Vierzylinder, die über der
Vorderachse eingebaut wurden. Zuvor waren
sie (Ausnahme bei Büssing) als Front- oder
Heckmotoren installiert worden. Die Ketten-
übertragung wich nach und nach dem Kardanantrieb und bald wurde auch der Vierrad-
antrieb zum Thema. Moderne Bremssysteme
lösten die altertümliche Klotzbremse ab und
eisenbereifte Räder wurden durch Voll-
gummi- und Elastikbereifung abgelöst, der
Luftreifen für schwere Fahrzeuge war in der
Erprobung.

Die Beleuchtung erfolgte in der Regel
durch Carbidlampen, aber 1914 gab es erstmals Scheinwerfer mit einer Abblendvorrich-
tung. Im gleichen Jahr erschien unter dem
Markennamen „Jurid" das erste Bremsband
aus gewobenen, imprägnierten Asbest-
fasern. Mess- und Anzeigeinstrumente füllten zunehmend die bis dahin recht sparta-
nisch ausgestatteten Armaturentafeln.

Auch die Motortechnik entwickelte sich
nun beständig weiter, obwohl man stetig mit

Büssing-Dreitonner
von 1904

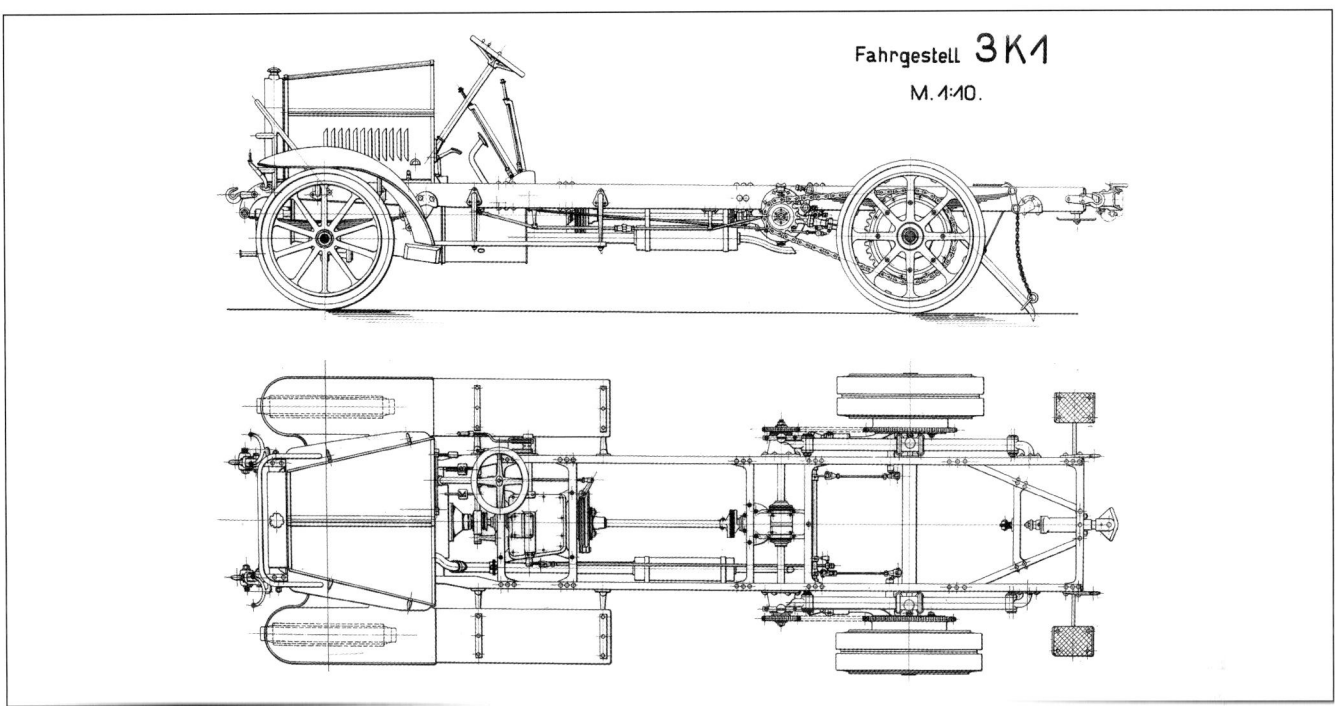

Fahrgestell 3K1
M. 1:10.

Da der eigentlich viel modernere Kardan-Antrieb den Belastungen noch nicht gewachsen war, rüstete Magirus den Heeres-Dreitonner 3K1 wieder auf den konventionellen Kettenantrieb zurück (1917).

neuen Problemen kämpfen musste. Dem Dieselmotor war bereits 1892 das erste Patent erteilt worden. Dennoch war man fünfzehn Jahre später noch nicht in der Lage, ihn für den Antrieb von Automobilen zu nutzen. Das änderte sich erst im Jahre 1908, als Rudolf Diesel bei der schweizerischen Automobil-Fabrik Safir AG (Zürich) den ersten „schnell laufenden Fahrzeug-Selbstzünder" entwickelte.

Das passierte durch den Umbau eines Saurer Vierzylinder-Ottomotors mit 42 PS. Der daraus entstandene Dieselmotor, mit einer Leistung von 30 PS, entsprach vom Aufbau her dem Benzinmotor, unterschied sich aber durch die von der Kurbelwelle angetriebene zweistufige Luftpumpe und durch eine Vierkolbenpumpe für die Kraftstoff-Förderung. Hier trat dann aber bezüglich des Lufteinblasens (zur Zerstäubung des Kraftstoffs) ein Problem auf, das man zu diesem Zeitpunkt noch nicht befriedigend lösen konnte. Daher wurde nach diesem System nur dieser einzige Versuchsmotor gebaut.

Eine nicht unbedeutende Rolle spielte damals auch der Elektroantrieb. Dieser war aber nur für Liefer- und Paketfahrzeuge (die Reichspost war ein guter Kunde) geeignet. Versuch ihn für schwerere Fahrzeuge zu nutzen, wurden bei den Firmen Bergmann, AEG-NAG und Protos-Siemens-Schuckert zwar durchgeführt, blieben aber ohne nachhaltige Erfolge. Im Jahre 1914 waren insgesamt 554 Elektrofahrzeuge in Deutschland registriert.

**Der Subventionslastwagen –
Das Militär als Motor des Lkw**
Bis in das 20. Jahrhundert hinein gesellten sich zur allgemeinen Skepsis, die seitens der Fuhrunternehmer dem neuen und damit unbekannten Motorfahrzeug gegenüber bestand, noch die hohen Anschaffungskosten und die ebenso hohe technische Anfälligkeit, die diesen Fahrzeugen anhaftete. Außerdem gab es polizeirechtlich viele Hindernisse, die dem Verkehr mit Motorlastwagen in den Weg gelegt wurden. Es gab also

Lastwagen am laufenden Band: Bereits in den Zwanzigerjahren lief bei Magirus die rationelle Fließbandfertigung.

wenig plausible Gründe, vom bestens bewährten Fuhrwerk auf das unbekannte Motor-Ross umzusatteln.

Das änderte sich dann langsam ab dem Jahre 1908, als das Militär die Möglichkeiten der Motorlastwagen entdeckte. Der Vorteil des Subventionslastwagens lag darin, dass diese Fahrzeuge, wie der Name schon sagt, staatlich subventioniert wurden, also relativ preiswert in der Anschaffung waren. Gezahlt wurden ein Zuschuss von 4.000 Mark für den „Subventionszug" und zusätzlich 1.000 Mark als Betriebskostenzulage. Dafür musste der Käufer damit rechnen, dass im Kriegsfalle ein solcher Lastwagen vom Militär eingezogen wurde. Dazu kam, dass die Subventionslastwagen „technisch genormt" waren. Auf den Punkt gebracht, lautete das erstmal: Bei einer Leistung von mindestens 30 PS musste eine Last von 4 Tonnen bewegt werden können.

Das Eigengewicht des Fahrzeugs (max. 4,5 Tonnen), das Gesamtgewicht (9 Tonnen), der Achsdruck und die Spurweite sowie der Radstand waren vorgegeben, ebenso waren die Abmessungen der Pritsche („Militärpritsche") festgelegt. Zwei ebenfalls standardisierte Zweitonnenanhänger mussten gezogen werden können. Die Anhängerkupplung

war dazu ebenfalls standardisiert. Als Zubehör waren gefordert: Planen, Schaufel, Spitzeisen, Beil, Hacke und ein Hebebalken.

Die Firma Büssing stellte ein entsprechendes Musterfahrzeug her, das eine 2.000 Kilometer lange Teststrecke erfolgreich unter seine Eisenreifen nahm. Büssing avancierte dann auch zum Marktführer dieser Armee-Laster, die außerdem von Benz, Daimler, Dürkopp, Erhardt, MULAG, Nacke, NAG, Podeus und Stoewer gebaut wurden.

Diese militärischen Vorgaben, die sich später in der Einsatzpraxis, auch nicht ausschließlich bewähren sollten, standen teilweise in krassem Gegensatz zur Wirtschaftlichkeit auf dem zivilen Sektor.

1913 wurden die anfänglichen Bestimmungen neu gefasst: Der „Regel-Dreitonner" mit 3,5 Tonnen Nutzlast musste nun mindestens die Motorleistung von 35 PS aufbringen, ein größerer 4,5-Tonner musste eine Leistung von 45 PS nachweisen. Eigengewicht und Spur wurden im Vergleich zum ersten Modell reduziert. Der hintere Achsdruck musste verkleinert werden, um auch schwache Brückenkonstruktionen befahren zu können. Elektrische Anlasser waren jetzt Bedingung. Die Vorschrift für die Ausstattung beinhaltete: Einheitskette, standardisierte Bremsen, Kompressionshähne, Karabinerkästen, Riemenscheibe zum Antrieb von Generatoren.

Zur Prüfung der „Kriegstauglichkeit" ließ das Preußische Kriegsministerium eine Reihe von Vergleichstests und Manövern durchführen. An diesen Testfahrten beteiligten sich zahlreiche deutsche Firmen, aber auch Saurer aus der Schweiz.

Trotz des finanziellen Anreizes, den die staatliche Unterstützung beim Kauf eines solchen Fahrzeugs bot, waren bis zum Kriegsbeginn 1914 erst rund 5.000 Subventionslastwagen vorhanden. Interessant in diesem Zusammenhang ist auch die Tatsache, dass das zaristische Russland größere Stückzahlen dieser Lkws in Deutschland kaufte, um sie wenig später gegen das Herstellerland einzusetzen.

Mit dem Beginn des Krieges endete der Aufwärtstrend der Deutschen Automobilindustrie erst einmal. 1912 gab es 124 Autofabriken in Deutschland, die eine Belegschaft von 36.000 Mitarbeitern hatten. Die erzielten Produktionswerte lagen bei 222 Millionen Mark. 1913 wies die Kraftfahrzeug-Außenhandelsbilanz eine Ausfuhr von 85 Millionen Mark nach, das Sechsfache des Einfuhrwertes von 14 Millionen.

Nun fielen fast alle Auslandsmärkte weg. Ein gewisser Ausgleich entstand durch die zunehmenden Rüstungsaufträge. Hiervon profitierte eine Reihe von Firmen, allen voran Büssing in Braunschweig. MAN nahm 1915 in Lizenz die Fertigung von Saurer-Lastwagen auf. Der Schweizer Hersteller hatte 1910 in Lindau am Bodensee ein Werk errichten lassen, das nun von MAN übernommen wurde.

Der Feuerwehr-Spezialist Magirus (Ulm) stieg 1916 mit dem Heereslastwagen 3C1, konstruiert von Heinrich Buschmann, in die Nutzfahrzeugproduktion ein. 1918 fertigte in Plauen die Vogtländische Maschinenfabrik (VOMAG) insgesamt 1.000 Lastkraftwagen. Dieser auf den ersten Blick positiven Entwicklung stand ein fast technischer Stillstand auf dem Entwicklungssektor gegenüber.

Bis 1914 verlief die Entwicklung auf dem Automobilsektor in großem Maße international vernetzt. Ein Beispiel ist die Zusammenarbeit auf dem Gebiet der Luftreifentechnik. Daneben stammten viele moderne Werkzeugmaschinen, die eine rationale Fertigung ermöglichten, aus den USA, Frankreich oder der Schweiz.

Das Ausland war auch ständig „Ideengeber" für technische Neuentwicklungen oder Verbesserungen gewesen. Alles dies fiel jetzt weg. Hinzu kamen ständig wachsende Probleme bei der Rohstoffversorgung. Ideen

Nicolaus
August Otto

Der spätere Erfinder des nach ihm benannten Verbrennungsmotors wurde am 10. Juni 1832 als Sohn eines Bauern in Holzhausen an der Haide (Taunus) geboren. Nach einer Kaufmannslehre arbeitete er zunächst als Handlungsgehilfe in Frankfurt am Main und Köln. Seine Interessenschwerpunkte lagen jedoch eindeutig im technischen Bereich und so begann er 1862 erste Experimente mit Motoren. Ein Jahr später baute er eine Gaskraftmaschine und im Jahre 1864 gründete Nicolaus August Otto mit dem Ingenieur Eugen Langen die erste Motorenfabrik der Welt, die „N. A. Otto Cie", aus der dann fünf Jahre später die „Gasmotorenfabrik Deutz" hervor-

ging, der Vorläufer der heutigen Deutz AG.

Auf der Grundlage des von dem Franzosen Étienne Lennoir entwickelten Gasmotors bauten Nicolaus Otto und Eugen Langen einen Gasverbrennungsmotor, der nach dem Viertaktprinzip arbeitete und weit weniger Gas benötigte (etwa ein Drittel weniger) als vergleichbare Aggregate der damaligen Zeit. Dafür erhielten sie auf der „Pariser Weltausstellung 1867" eine Goldmedaille.

Zwischenzeitlich waren mit August Wilhelm Maybach und Gottlieb Daimler zwei weitere, später berühmte Persönlichkeiten der Automobilgeschichte für Nicolaus August Otto tätig. Während Daimler als Werkstattleiter fungierte, brachte August Wilhelm Maybach den von Otto ent-

wickelten Viertaktmotor zur Serienreife.

Dieser Viertaktgasmotor mit verdichteter Ladung ist die Grundlage aller Benzinmotoren mit Fremdzündung und Hubkolbenantrieb. Man spricht auch heute noch vom Ottomotor, wenn es um diese Antriebsart geht. Im Jahre 1884 erfand Nicolaus Otto die elektrische Zündung für die Gasmotoren. Dadurch war es nun möglich, auch flüssige Brennstoffe zu benutzen. Zwei Jahre zuvor war es zu Zerwürfnissen mit Daimler und Maybach gekommen, die daraufhin Ottos Firma verließen. Nicolaus August Otto war mit Anna Gossi verheiratet und hatte sieben Kinder. Er starb am 26. Januar 1891 in Köln, wo ihm und seinem Ingenieur Eugen Langen ein Denkmal gewidmet ist.

und Improvisationskunst waren vor allem in den letzten Kriegsjahren gefragt, als der Rohstoffmangel ganze Industriezweige lähmte, der Bedarf für Front und Heimat aber trotzdem irgendwie gedeckt werden musste. Auch hier sei das Thema Reifen angeführt. Die technisch aufwendigen Luftreifen fielen von Grund auf weg, dafür kamen Vollgummiräder zum Einsatz. Als das Material knapp wurde, wichen diese einer Ersatzkonstruktion in Form einer Holz- und Eisenbereifung. In der Schlussphase des Krieges war selbst das zu aufwendig und die Räder mussten wieder mit Eisenreifen versehen werden.

Die Eisenreifen wiederum riefen Erschütterungen hervor, die Beschädigungen bei den Fahrzeugen mit Kardanantrieb verursachten. Teilweise war man gezwungen, Lkws mit dem modernen Kardanantrieb auf den veralteten, aber robusteren Kettenantrieb umzurüsten. Auch auf den Gebrauch von Anhängern wurde zugunsten größerer Beweglichkeit immer mehr verzichtet. Als Ausgleich kamen wieder zunehmend Pferdegespanne zum Einsatz

Trotz aller Probleme produzierten in den vier Kriegsjahren 39 Hersteller 40.000 Lastwagen. Als Beispiel sei hier Benz in Gaggenau genannt, wo allein zwischen 1915 und 1918 fast 5.000 Lastwagen hergestellt wurden. Was die Lkw-Zahlen in militärischen Diensten angeht, so standen auf alliierter Seite alleine an der Westfront fünfmal so viele Lastwagen im Einsatz.

Nach dem Waffenstillstand, im November 1918, sah es in jeglicher Hinsicht düster in Deutschland aus. Wirtschaft und Industrie lagen am Boden, der Bedarf an Fahrzeugen war also gleich null, zumal auch noch unzählige Lkws „auf Halde" in den Fabriken standen, für die es nun keine Abnehmer mehr gab. Aus Militärbeständen kehrten 9.000 Lkws zurück. Für die Nutzfahrzeughersteller ganz allgemein gab es in dieser schwierigen Zeit eigentlich nur ein gemeinsames Problem: Einen Weg finden, um die mageren Jahre zu überbrücken.

Bessere Zeiten würden irgendwann wieder kommen, das war klar; doch wann das passieren würde, das konnte niemand voraussagen

Büssing nahm erfolgreich an den Testfahrten für die ausgeschriebenen Subventionslastwagen teil. Das Foto stammt aus dem Jahre 1908.

Die Zwischenkriegszeit

Stunde null

Rein technisch gesehen war zudem die Zeit in Deutschland zwischen 1914 und 1918 stehen geblieben, während vor allem in den USA aus dem Vollen geschöpft wurde. Die Fließbandproduktion lief dort seit 1913 und ermöglichte riesige Stückzahlen – und während auf den europäischen Kriegsschauplätzen die Materialschlachten tobten, tüftelten die amerikanischen Konstrukteure unter Friedensbedingungen weiter an technischen Neuerungen.

Der verlorene Krieg hatte außerdem zur Folge, dass in den europäischen Staaten hohe Einfuhrzölle auf deutsche Waren verhängt wurden, umgekehrt die sogenannte „Meistbegünstigungsklausel" den deutschen Markt für ausländische Produkte öffnete. Das hatte beispielsweise zur Folge, dass amerikanische Anbieter, aufgrund ihrer durch Massenproduktion preisgünstig hergestellten Schnelllastwagen, im Jahre 1928 einen Marktanteil von 35 Prozent auf dem Nutzfahrzeugsektor in Deutschland erreichten.

Fehlende Staatsaufträge verschlimmerten die wirtschaftliche Gesamtlage. Viele Nutzfahrzeughersteller mussten aufgeben oder fusionierten. Andere wiederum wagten gerade in dieser schwierigen Zeit den Einstieg in die zukunftsträchtige Branche.

Die erste Hälfte der 1920er-Jahre war einerseits von einer Wirtschaftskrise geprägt, die zahlreiche Industriezweige lähmte und die sich durch Rohstoffknappheit und Inflation auszeichnete, andererseits ließ sich der Drang zu Neuem, und hier besonders in der Technik, nicht aufhalten.

Es geht wieder aufwärts

Und sicher war auch: Bessere Zeiten würden wieder kommen! Langsam ging es dann auch überall wieder aufwärts. Die Automobiltechnik war in gewisser Hinsicht Vorreiter.

Technik ist natürlich mehr oder minder störanfällig – und Reparaturen waren gerade in den jungen Jahren des Automobils an der Tagesordnung. Das verwendete Material zeigte damals schnell seine Schwächen auf, der Austausch von Teilen, wie es heute gang und gebe ist, war Utopie und nicht mal Schrauben waren überall gleich.

Das änderte sich erst langsam. Durch den Weltkrieg war die Normung vorangetrieben worden, was nicht zuletzt dem Zwang zur schnellen Materialwirtschaft und Ersatzteileversorgung zu verdanken war. Doch wie sah eine Werkstatt zur damaligen Zeit aus – und was waren die typischen Arbeiten?

Der Autor Klaus Holl zitiert in einer Abhandlung im „Nutzfahrzeug-Archiv" zu diesem Thema aus dem Band 2 der Automobiltechnischen Bibliothek „Automobil-ABC", Ausgabe 1920: „Verbiegen und Bruch von Achsen: Mit Hilfe eines starken englischen Schlüssels wird man eine verbogene, geschmiedete Achse so weit richten können, um das nächste Dorf und somit den Schmied zu erreichen, wo die Achse demontiert und im Feuer gerichtet wird.

Differential: Das Differentialgehäuse ist von Zeit zu Zeit zu öffnen und von allem Fett zu reinigen. Man untersuche durch Befühlen, ob die Stirn- bzw. Kegelräder noch alle in Ordnung sind, wo das nicht der Fall ist, ist das betreffende Rad nachzuarbeiten …

Verbiegung der Kurbelwelle: Immerhin empfiehlt es sich, die Welle daraufhin von Zeit zu Zeit zu untersuchen und die Geraderichtung erforderlichenfalls sofort vorzunehmen, da sonst der Schaden immer größer wird …"

Seitenlang wird auch auf das Nachschleifen oder das Anfertigen von Lagern – z. B. für Kurbelwelle und Pleuel – in Motor und Getriebe eingegangen, genauso wie auf Fehler am Magnetapparat, an anderen Teilen der elektrischen Anlage und auf Probleme mit dem Vergaser.

Das Foto links unten zeigt eine typische Reparaturwerkstatt der Zwanzigerjahre. Die Mechaniker arbeiten an einem Nacke-Dreitonner aus der frühen Nachkriegszeit. Die abgenommenen Seitenbleche erlauben einen Blick auf den 40-PS-Vierzylinder-Motor, an dem vermutlich das Ventilspiel eingestellt wird. Die Zylinder sind paarweise gegossen.

Die Firma Emil Hermann Nacke zählte zu den ältesten Nutzfahrzeugfirmen in Deutschland. Sie wurde 1900 im sächsischen Coswig gegründet und baute zunächst Autos unter dem Namen „Coswiga". In Zusammenarbeit mit der Firma Pekrun, ebenfalls in Coswig ansässig, entwickelte man einen bereits ab 1911 eingeführten Schneckenantrieb, der zum Markenzeichen der Nacke-Lkws wurde. 1929 traten finanzielle Schwierigkeiten ein, die zur Schließung des Werkes im Jahre 1930 führten.

Pferdefuß: Räder, Reifen

Um die Jahrhundertwende hätten die Nutzfahrzeuge nach dem damaligen Stand der Technik schon weit schneller als rund 20 Stundenkilometer laufen können. Motoren, Getriebe, Federungen und auch die Antriebstechnik hätten Geschwindigkeiten erlaubt, die wesentlich höher waren. Doch es gab ein

noch nicht gelöstes Problem: die Räder der Fahrzeuge. Sie wurden in gewisser Hinsicht vom Pferdefuhrwerk übernommen und bildeten ein Hemmnis für die Umsetzung der anderen technischen Möglichkeiten.

Betroffen waren vor allem die Nutzfahrzeuge, denn die viel leichteren Personenwagen rollten längst auf Luftreifen, die durch den Briten Thomson (1845) und den Iren Dunlop (1888) sozusagen gleich zweimal erfunden worden waren.

Für schwere Lastwagen kamen diese „Pneus" damals noch nicht infrage. Andererseits hielten die mit Eisenreifen bezogenen Holzspeichenräder höheren Geschwindigkeiten nicht stand. Zudem hatten die Eisenreifen wenig Haftung auf dem damals weit verbreiteten Kopfsteinpflaster, ganz besonders bei Regen und Schnee. Man versuchte Abhilfe durch das Aufziehen von Tauen, Kunststein oder sogar Papier zu schaffen, was aber alles keine befriedigenden Ergebnisse brachte.

Der weitsichtige Konstrukteur Heinrich Büssing probierte eine Holzbereifung mit Eisenbandage und aufgeschraubten Schrägstollen an seinen Lastwagen aus, was aber bestenfalls nur als Übergangslösung gelten konnte. Auch Metallräder mit Vollgummibereifung kamen ab einer Dauergeschwindigkeit von 40 Stundenkilometern an ihre Grenze. Die Bereifung riss und platzte ab. Ein weiterer kläglicher Notbehelf waren Räder mit Federn, montiert zwischen Felge und Nabe.

Heinrich Büssing wandte sich an die Continental-Werke in Hannover und gemeinsam entwickelte man ab 1906 einen Luftreifen für Lastwagen und Omnibusse. Technisches Merkmal dabei war die hochgezogene Felge als Schutz der Reifenseitenwände. Damit war ein Anfang getan, wenngleich Luftreifen in Nutzfahrzeugen erst lange nach dem Ersten Weltkrieg ihren Durchbruch erlebten.

Reparatur oder Wartung: Das Werkstattfoto aus den Zwanzigerjahren zeigt die Arbeit an einem Nacke-Lkw.

Nach dem verlorenen Krieg sah es jedoch für die deutsche Automobil- und Zuliefererindustrie düster aus. Sie war in den meisten Bereichen zunächst nicht mehr konkurrenzfähig. Das galt auch für die Luftbereifung. Während in Europa der Krieg tobte, entwickelte man in Akron/Ohio bei Goodyear betriebstaugliche Reifen; auch für schwere Fahrzeuge wie Lkws und Busse. Diese erwiesen sich zwar auch nicht gleich als perfekt, waren aber in ihrer Technik sehr weit fortgeschritten. Durch die Anwendung des sogenannten „Cord-Gewebes", das bereits 1903 patentiert worden war, aber erst ab 1916 in den USA bei der Reifenherstellung eingesetzt wurde, waren bald die Dimensionen zu erreichen, die man für die Lkw-Bereifung benötigte. Cord ist dehnfest, aber in der Ebene verwindungsfähig. Dadurch waren die Bedingungen erfüllt, die bisher den Einsatz von Luftreifen bei Lastkraftwagen scheitern ließen: Tragfähigkeit, Verformungsfähigkeit und Federungsverhalten.

Eine weitere US-Firma, B. F. Goodrich, ebenfalls in Akron/Ohio ansässig, war auf dem Gebiet der Luftreifen ebenfalls erfolgreich tätig und schloss mit der deutschen Continental einen Vertrag, der es „Conti" ermöglichte, ab 1921 unter anderem „Riesenluftreifen" für Schwerfahrzeuge anzubieten. Andere Automobilhersteller zogen rasch nach und so war bereits 1923 die Luftbereifung bei Lkws und Bussen fast eine Selbstverständlichkeit.

Die Vorteile des Luftreifens lagen u. a. darin, dass sie eine gewisse Federwirkung hatten und kleine Unebenheiten „schlucken" konnten. Das wiederum brachte Gewichtseinsparungen beim Bau der Fahrzeuge, da Rahmen und Federn nicht mehr überdimensioniert werden mussten. Durch das geringere Eigengewicht erhöhten sich Nutzlasten und Geschwindigkeit der Fahrzeuge.

Werbung für Fulda Riesen-
Kissenreifen (um 1920)

Zur Schonung der noch recht anfälligen Luftreifen sann man über Möglichkeiten der Lastverteilung nach. Durch bessere Gewichtsverteilung sollte die Last auf den Einzelrädern verringert werden. Goodyear experimentierte dazu mit einem selbst hergestellten Dreiachser. Bei ihrem Modell waren alle Achsen einzeln bereift. Michelin in Frankreich setzte Zwillingsreifen auf die Hinterachse. Somit wurde der Luftreifen nach und nach immer tauglicher für schwere Fahrzeuge.

Eine andere Lösung stellten die Gummiwerke Fulda vor. Ihr 1919 erfundener „Riesen-Kissenreifen" war im Prinzip ein Vollgummireifen, dessen Lauffläche durch tiefe Einschnitte eingekerbt war. Diese „Kissen" konnten sich den Unebenheiten der Straße besser anpassen, als es die normalen Vollgummireifen taten.

Einig war man sich nicht darüber, wie man die Belastungen der noch recht empfindlichen Luftreifen in Grenzen halten kann. Daher wurden beide Varianten parallel in die Praxis umgesetzt: Die Zwillingsbereifung auf einer Achse und die Einzelbereifung auf einer hinteren Doppelachse.

Rechts oder links

Rechtsverkehr heißt Lenkrad links und Linksverkehr Steuerrad rechts. Diese einfache Formel ließ sich zu Beginn des automobilen Zeitalters noch nicht so einfach umsetzen, wie man vielleicht vermuten könnte. Noch 1925 hieß es in der damals 11. Auflage des Automobiltechnischen Handbuches: „Die Steuersäule oder Lenkstock befindet sich meist auf der rechten Seite des Wagens, in der Fahrtrichtung gesehen. (...) Der Fahrer muss vor allem beim Anfahren an eine Bordschwelle, beim Überholen anderer in derselben Richtung fahrenden Wagen und beim Einbiegen in eine Querstraße nach rechts

Rudolf Diesel
Untrennbar mit der Nutzfahrzeugtechnik verknüpft ist der Name Rudolf Diesel. Die Wiege dieses genialen Konstrukteurs stund In Purls, wo er am 18. März 1858 geboren wurde.

Im Jahre 1870 kam er nach Augsburg, der Heimatstadt seines Vaters. Hier besuchte er die Gewerbeschule. Auf der Technischen Hochschule München gehörte der junge Diesel zu den Schülern von Carl von Linde, der seinen Lebensweg dann mitbestimmen sollte. So kam er 1880 als Leiter des französischen Zweiges des kältetechnischen Unternehmens Linde erneut nach Paris. Zehn Jahre später, Rudolf Diesel stand immer noch in den Diensten von Linde, übersiedelte er nach Berlin. Hier nahm dann die Arbeit an dem Motor, der später seinen Namen unsterblich machte, erkennbare Formen an.

Am 28. Februar 1892 beantragte Diesel beim Kaiserlichen Patentamt in Berlin Patentschutz auf eine Erfindung, die am 23. Februar 1893 unter der Nr. 67 207 und dem Titel „Arbeitsverfahren und Ausführungsart für Verbrennungskraftmaschinen" in die Patentrolle eingetragen wurde. Die erste noch erhaltene Fassung der Patentanmeldung wurde von Rudolf Diesel eigenhändig niedergeschrieben. Der Titel lautete: „Neue rationelle Wärmekraftmaschine".

Am 7. März 1892 nahm Rudolf Diesel mit der Maschinenfabrik Augsburg Kontakt auf, um einen Weg zu finden, seine Erfindung in die Praxis umzusetzen. Nach einer gründlichen Prüfung durch den alleinverantwortlichen Direktor des Unternehmens, Heinrich von Buz, erhielt er am 20. April 1892 eine erste, noch bedingte Zusage, die Ausführung einer Versuchsmaschine zu übernehmen. Mit den Vorarbeiten an dem neuen Motor wurde bereits im Juli 1892 begonnen, obwohl eine feste Vereinbarung zwischen Diesel und der Maschinenfabrik Augsburg erst am 21. Februar 1893 zustande kam. Ab April 1893 wurde dann der erste „rationelle

Wärmemotor" exakt nach Diesels Plänen gebaut und war bereits im Juli 1893 fertig.

Es stellte sich jedoch heraus, dass der Motor ohne Wasserkühlung, wie von Diesel zunächst vorgesehen, nicht betriebsfähig war. Nach umfangreichen Versuchen und einer fünfmonatigen Bauzeit war er am 6. Oktober 1896 fertig zur Erprobung. Professor Moritz Schröter von der Technischen Hochschule München führte am 17. Februar 1897 auf dem Augsburger Versuchsstand die offiziellen Abnahmeversuche durch. Mit einer Bremsleistung von 20 PS war der Dieselmotor die bis dahin stärkste Wärmekraftmaschine. Auf der Pariser Weltausstellung 1900 wurde bereits ein Motor mit 60 PS vorgestellt – und mit dem „Grand Prix" ausgezeichnet.

Rudolf Diesel erlebte den späteren Siegeszug seines Motors nicht mehr. Auf der Überfahrt von Antwerpen nach Harwich verschwand er in der Nacht vom 29. zum 30. September 1913 spurlos. Seine Leiche wurde nie gefunden, doch gilt als sicher, dass er mit einem Sprung in die Nordsee seinem Leben selbst ein Ende setzte.

Jahr	1922	1923	1924	1925	1926
Handkurbel	50 %	37 %	30 %	5,4 %	0 %
Elektr. Anlasser	50 %	63 %	70 %	94,6 %	100 %

genau überblicken können, wie nahe er mit dem rechten Vorderrad an das Hindernis heranfahren kann."

In den Alpenländern Italien und Schweiz hat sich aus diesem Grunde die Rechtslenkung bei Lkws und Bussen bis in die späten 1960er-Jahre gehalten.

Der elektrische Anlasser setzt sich durch

Die Versuche mit elektrischen Anlassern begannen bereits um die Jahrhundertwende. Es dauerte jedoch bis 1912, bevor er eingeführt wurde. Das geschah zunächst in den USA durch Cadillac. Aber auch in den deutschen Subventionslastwagen kam er aufgrund der vorgegebenen Richtlinien zum Einbau.

Nach einer Idee des Amerikaners La Roche baute die Nürnberger Firma Weckerlein & Stöcker ihren sogenannten „Noris-Anlasser", der gleichzeitig als Stromerzeuger fungierte. 1912 unterschied man folgende elektrische Anlagen:
- Einteilige Lösung: ein E-Motor für Zündung, Beleuchtung und Anlasser;
- Zweiteilige Lösung: Magnet für Zündung, Dynamo für Beleuchtung und Anlasser;
- Dreiteilige Lösung: Magnet für Zündung, Dynamo für Beleuchtung, E-Motor für Anlasser.

Durchgesetzt haben sich im Lkw-Bau die getrennten Lösungen mit Schubankerstarter (12 Volt) bei kleineren und Schubtriebstarter (24 Volt) bei größeren Motoren.

Der Weltkrieg 1914–1918 verzögerte die technische Weiterentwicklung zwangsweise. 1922 hatte noch die Hälfte der neu zugelassenen Nutzfahrzeuge eine Handkurbel zum Starten des Motors. Das Bild änderte sich innerhalb von fünf Jahren völlig.

Besondere Aufmerksamkeit galt damals auch der Nutzung kostengünstiger Treibstoffe. Nahezu 50 Prozent der seinerzeit gebauten Lkw-Motoren waren technisch so ausgerüstet, dass sie auch mit Petroleum oder Schweröl fahren konnten.

Um 1923/24 hatte man dann aber endlich den Dieselmotor so weit entwickelt, dass er in Nutzfahrzeuge eingebaut werden konnte. Allerdings gingen die Hersteller hierbei zum Teil durchaus verschiedene Wege. MAN hatte bereits 1919 mit Strahlenzerstäubung begonnen, während Prosper L'Orange bei Benz & Cie. den kompressorlosen Vorkammer-Klein-Dieselmotor entwickelte. Die Leistung bewegte sich bei 35 PS. Der Hubraum des Motors betrug 8.840 Kubikzentimeter. Eine erste Versuchsfahrt fand am 1. September 1923 statt. Man verwendete dazu einen Fünftonner und verlangte dem neuen Motor im bergigen Gelände alles ab. Erster Kunde eines Benz-Diesellasters wurde 1924 die Firma Bosch.

Bei Daimler experimentierte man bereits seit über zehn Jahren mit der geregelten Zufuhr von eingeblasenem Kraftstoff nach dem „System Schwartz" und entwickelte schließlich die Kraftstoffeinspritzung mit einer Einspritzpumpe. 1923 führte man diese Tests erfolgreich mit einem Viertonner-Lkw und einem Zweitonner-Bus zu Ende. Noch im Oktober konnte man auf der Automobil-Ausstellung in Berlin einen solchen Lastwagen mit einer Motorleistung von 40 Pferdestärken vorstellen.

Auch für MAN brachte das Jahr 1923 den Durchbruch. Das Ergebnis: der erste Diesel-Lastwagen mit direkter Kraftstoffeinspritzung. Der Vierzylindermotor leistete 45 PS. Ab 1925 stieg man dann mit dem 3Zc, dem 5KVB/4 und dem TC (alle 55 PS) in den Markt ein. 1926 folgte der Dreiachser S1 H 6 (80 PS). Der weiterentwickelte Typ S1 H 6 wurde 1931 mit seinen 150 PS im Jahre 1931 zum stärksten Diesel-Lkw der Welt. MAN machte mit diesem Fahrzeug eine werbeträchtige Deutschlandfahrt.

Durch Lizenzvergaben seitens Benz & Cie. fand der Dieselmotor schnell eine weltweite Verbreitung, zumal er gegenüber dem Benzinmotor wesentlich günstiger war. Die Brennstoffkosten konnten um 80 Prozent gesenkt werden; denn einerseits verbrauchten Dieselmotoren wesentlich weniger Treibstoff und zum andern war der Preis für Dieselöl wesentlich niedriger.

Elektrofahrzeuge – keine echte Alternative
Von der Jahrhundertwende bis in die Dreißigerjahre gehörten Fahrzeuge mit Elektroantrieb zum täglichen Straßenbild, wobei es sich in erster Linie um Lieferwagen handelte, da sich diese Technik für Schwerfahrzeuge nicht eignete. Insgesamt arbeiteten vierzig Firmen an der Entwicklung solcher Fahrzeuge, führend dabei NAMAG (Hansa-Lloyd) und Siemens & Halske. Bei manchen Herstellern, wie zum Beispiel Dürkopp, Stoewer oder NAG, konzentrierte man sich auf benzingetriebene Autos, baute aber in ganz kleinen Stückzahlen auch Fahrzeuge mit Elektroantrieb.

Insgesamt gesehen konnten sich Elektromobile dank verbesserter Technik und immer stärkeren Akkumulatoren in der privaten Wirtschaft und vor allem bei der Reichspost einen relativ hohen Marktanteil im Nahverkehr sichern. Von den 1.200 Elektrolastwagen, die 1928 im Postdienst eingesetzt waren, stammte die Hälfte von Hansa-Lloyd.

Neben der Reichspost fand man die Elektrofahrzeuge auch bei der Reichsbahn, bei Brauereien, Molkereien, der Müllabfuhr und nicht zuletzt in der Fischerei-Industrie von Bremerhaven und Cuxhaven. Die Vorzüge des Elektroantriebes lagen in der Langlebigkeit und in der kaum Wartung erfordernden Technik. So waren 1931/32 rund 20.000 derartige Fahrzeuge im Einsatz. Die Hälfte davon fuhr im öffentlichen Verkehr. Knapp 8.000 dieser Elektromobile konnten Nutzlasten bis zwei Tonnen befördern, lediglich 500 Fahrzeuge kamen für eine höhere Nutzlast infrage.

Auch im Bereich der Elektrofahrzeuge gab es einige „Exoten", wie das Projekt von Hansa-Lloyd, den Schnell-Lastwagen Typ „L" als Trolley zu fertigen. Das war nicht unbedingt so abwegig, zumal Oberleitungsbusse zum Ende der Zwanzigerjahre hoch im Kurs standen. Dennoch blieben die Zeichnungen dieses Lastwagens in der Schublade. In Köln baute die Firma Geist dynamoelektrische Nutzfahrzeuge, von denen zwar nur ganz wenige Exemplare verkauft wurden, die rein technisch gesehen jedoch höchst interessant waren.

Die Firma Ernst Heinrich Geist Elektrizitäts-AG war 1890 zur Fertigung von Dynamomaschinen gegründet worden, daher war es durchaus logisch, den hier näher beschriebenen technischen Weg zu beschreiten. Unter der Bezeichnung „Dyna-Geist" wurde 1905 ein „benzin-elektrischer Lastwagen" vorgestellt, dessen 28 PS starker Argus Vierzylindermotor einen Generator antrieb. Der erzeugte Strom wurde an Elektromotoren weitergeleitet, die an den Hinterrädern montiert waren. Die Nutzlast dieser Fahrzeuge, von denen einige auch nach England verkauft wurden, betrug etwa vier Tonnen.

Elektrische Geschäfts-wagen der „Motorfahrzeug und Motorenfabrik Berlin-Marienfelde"

Eine technisch noch interessantere, aber auch recht komplizierte Konstruktion war ein Jahr später das kleinere Modell mit einem 16 PS Fafnir Zweizylindermotor, der über der Vorderachse angebracht war. Der Motor trieb, wie schon beim Vorgängermodell, einen Dynamo an, der den Strom an vier 110-Volt-Elektromotoren (pro Rad ein E-Motor) weiterleitete. Mit Hilfe einer speziellen Schaltungstechnik (Parallel- und Reihenschaltung) war es möglich, die erzeugte Energie bestmöglich auszunutzen. Gleichzeitig konnten die Elektromotoren bei einem Bremsvorgang als Dynamo benutzt werden.

Das Fahrzeug besaß einen ausgesprochen großen Kühler, der den Motor auch im Leerlauf auf eine nicht zu hohe Temperatur kommen lassen sollte, während der Dynamo gleichzeitig zur Stromerzeugung für Zusatzgeräte benutzt werden konnte.

Ein besonderes Merkmal des kleinen „Dyna-Geistes" war die Vierradlenkung. Dazu diente ein herkömmliches Steuerrad zur Lenkung der Vorderräder, während ein darunter angebrachtes Lenkrad auf die Hinterräder wirkte. Durch das Neigen der Steuersäule konnte man die Räder in Bremsstellung bringen. Bei diesem Vorgang wurden die Stromzufuhr unterbrochen und die eisenbereiften Räder in eine gegensätzliche Stellung (ähnlich einem „O") gebracht.

Um jedes Rad war in Nabenmitte ein Schutzbügel angebracht, der dazu diente, die ausschwenkenden Räder an einem senkrecht stehenden Zapfen zu führen und die Räder vor Beschädigungen zu schützen. An diesen Schutzbügeln waren auch die Elektromotoren für den Antrieb montiert.

Als „Probe-Fahrzeug" wurde ein Lastwagen an das Militär und eine Busversion an die Kölner Stadtwerke verkauft. Eine Serien-produktion wurde von dieser Version ebenso wenig aufgenommen, wie 1909 von einer größeren Variante.

Die Kraftfahrzeugtechnik entwickelt sich

Um 1925 liefen bereits mehr als ein Drittel aller Motoren mit Leichtmetallkolben. 80 Prozent der Fahrzeuge verfügten über eine elektrische Beleuchtung, 76 Prozent hatten einen elektrischen Anlasser. Der Kardan-antrieb hatte den Kettenantrieb weitgehend abgelöst und die Druckluftbremse (Bauart Knorr) verbesserte die Verkehrssicherheit, genau wie die Entwicklung des Tachografen, die man bei Kienzle vorantrieb. Ab 1936/37 gehörte das Ausfüllen der Tachoscheibe zum Fernfahreralltag. Zuerst wurde die neue „Uhr" bei Krupp eingeführt, kurz darauf folgte der Einbau der Tachografen in den Lastern von Daimler-Benz.

Mitte der Zwanzigerjahre wurde in Form des Winkers (später Pendelwinker) der Fahrt-richtungsanzeiger eingeführt. In den Fünfzigerjahren wurde diese Art der Richtungsan-zeige durch den Blinker ersetzt. Neue Werkstoffe fanden nun zunehmend Verwendung im Motorenbau und in der Lastwagen-Technik. Die Kunstharz-Pressmassen „Novotex" und „Resitex" sorgten für einen geräuschärmeren Antrieb von Steuerwellen und Elektrik. Die Gleason-Verzahnung ermöglichte die Übertragung größerer Kräfte, erste Schwingungsdämpfer aus Gummi und Metall kamen zum Einsatz.

Bei der Firma Phänomen lief der erste Lastwagen (ein Eintonner) mit Luftkühlung vom Band, der Allradantrieb (Vorderantrieb durch Antriebswellen mit Doppelkardange-lenken) wurde weiter entwickelt und eine Kleinigkeit von großer Bedeutung ist aus dem Jahr 1929 zu vermelden: Walther Simmer aus Kufstein erfand den „Simmer-Ring".

Die Postkarte aus der Zeit um die Jahrhundertwende zeigt einen Stoewer Elektro-lastwagen.

Die neuen technischen Möglichkeiten brachten die Reichsbahn auf den Plan; denn die sah im aufkommenden Straßengüterverkehr jetzt eine ernste Konkurrenz. Gesetze und Verordnungen sollten dem Schienenverkehr Vorteile sichern – ein Kampf „Straße gegen Schiene" bahnte sich an.

Nach der New Yorker Börsenkrise vom 29. Oktober 1929 ging es mit der Weltwirtschaft steil bergab, die Märkte brachen einfach weg, was natürlich die Automobilbauer recht schnell zu spüren bekamen.

Im Vergleich zum Jahr 1928 ging 1930 die Nutzfahrzeugproduktion in Deutschland um etwa die Hälfte zurück. Viele Firmen, darunter auch die Firma MAN, standen vor dem Aus.

Daimler-Benz musste in Untertürkheim Arbeitskräfte entlassen und verminderte die wöchentliche Arbeitszeit von 32 auf 16 Stunden. In Gaggenau rettete ein Großauftrag aus Russland die prekäre Lage. 200 Lastwagen waren sozusagen genau zum richtigen Zeitpunkt bestellt worden – und man musste sogar wieder Arbeiter einstellen.

Gesamt gesehen setzte sich die wirtschaftliche Talfahrt bis zur Machtergreifung der Nationalsozialisten 1933 fort. Ab diesem Zeitpunkt begann ein Aufschwung, der aber durch die damaligen Machthaber künstlich gesteuert wurde.

Nicht eine wirtschaftsbedingte Markterholung, sondern die zielstrebige Aufrüstung

1924: Einer der ersten MAN Diesellastwagen

des Dritten Reiches hatte zur Folge, dass sich die Auftragsbücher der Deutschen Kraftfahrzeugindustrie nun rasch füllten. Gleichzeitig griff der Staat zunehmend massiv in die Lenkung des Verkehrswesens ein.

Im Jahre 1936 wurde das Gesetz zur Bildung des „Reichskraftwagen-Betriebsverbandes (RKB)" verabschiedet. Dadurch zwang man gleichzeitig 9.000 Unternehmer, die mit rund 12.000 Lkws im Fernverkehr tätig waren, zur Mitgliedschaft. Sie erhielten dafür Tarifhoheit im Kraftwagen-Ferngüter tarif. Die entsprechenden Konzessionsinhaber durften dafür aber kein anderes Gewerbe betreiben. Ferner wurde eine scharfe Trennung zwischen Nah- und Fernverkehr vorgenommen.

In Deutschland gab es damals bereits einen organisierten Fracht-Linienverkehr, der durch Fahrpläne gesteuert wurde. Dazu hatte man an 58 Verbindungsrouten Ladebereiche und Verteilerstellen eingerichtet. Die Spediteure mussten diese Laderaum-Verteilungsstellen an den Reichskraftwagen-Be-

triebsverband abgeben. Ohne die Mitgliedschaft im RKB war das Betreiben von Güterfernverkehr untersagt. Der Verband organisierte die Frachtzuteilung und nahm die Berechnungen vor.

Einer ähnlichen Organisation wurde auch der gewerbliche Güternahverkehr unterzogen. Ein großer Teil der kleinen Unternehmer, die bislang den Verteilerverkehr noch mit Fuhrwerken ausgeführt hatten, rüstete nun auf Lastwagen um, was sich natürlich auch auf die Absatzzahlen auswirkte.

In den frühen Dreißigerjahren trat der Dieselmotor seinen Siegeszug endgültig an. In Deutschland experimentierte man interessanterweise auf der einen Seite an kleinen Motoren (12–16 PS) und auf der anderen Seite mit starken Triebwerken von über 140 Pferdestärken, um den Anforderungen der neuen Reichsautobahnen gerecht zu werden.

Für eine größere Wirtschaftlichkeit sorgte bald der neue Unterflurmotor, der unter dem Rahmen beziehungsweise unter dem

Stärkster DIESEL-Lastwagen der Welt

Boden der Karosserie seinen Platz bekam und somit die gesamte Ladefläche nutzbar machte.

Eil-Bulldogs, Giganten und Straßenroller

In den Dreißigerjahren wurde die schnelle Beweglichkeit beim Gütertransport immer wichtiger. Neben den Lastwagen, die bis zu zwei Anhänger mitführen durften, kamen vor allem im Kurzstrecken- und Stadtverkehr die beweglichen und PS-starken Zugmaschinen auf.

Ein Beispiel ist der Lanz „Eil-Bulldog", ein mächtiger Schlepper mit einem Gewicht von viereinhalb Tonnen, der auf dem legendären „Bulldog"-Schlepper aufbaute, aber eigens für den Straßenzug entwickelt wurde. Er besaß einen 10,3-Liter-Einzylinder-Glühkopfmotor von 55 PS, der ihm eine Spitzengeschwindigkeit von 32 Stundenkilometern verlieh. Auf Wunsch gab es die Ausstattung mit einer Seilwinde und einer Druckluftanlage für den Anhängerbetrieb.

Die geschlossene Version (D 2539) hatte ein Stahlblechführerhaus, während der Typ 2531 ein Faltdach besaß und dem Schlepper ein fast sportliches Cabrio-Aussehen verlieh. Während des Krieges wurde er hauptsächlich mit dem „Imbert-Holzgas-Generator"

ausgeliefert, der hinter dem Fahrerhaus angeordnet war. Die Leistung reduzierte sich bei dieser Antriebsart auf rund 40 PS. Bis in die frühen Fünfzigerjahre wurde der „Eilbulldog" noch verkauft (ab 1951 mit elektrischem Anlasser), dann lief ihm der „Unimog" den Rang ab.

Neben dem „Eil-Bulldog" war der Hanomag SS 100 „Gigant" wohl der bekannteste Vertreter der Straßenzugmaschinen. Der starke Sechszylinder-Vorkammer-Dieselmotor leistete 100 PS und verlieh dem wuchtigen Schlepper eine Spitzengeschwindigkeit von 45 Stundenkilometern. Der „Gigant" besaß eine Fahrerkabine für drei Personen; mit Doppelkabine (hauptsächlich für die Wehrmacht gebaut) sogar für sechs bis sieben Personen. Er konnte auch mit einer Schlafkabine versehen werden. Das Fahrpersonal wusste seine bequemen Rohrsitze mit Schlaraffia-Polsterung zu schätzen. Der Anbau einer Seilwinde von dreieinhalb Tonnen Zugkraft (Seillänge 80 Meter) war möglich. Im Heck der Zugmaschine, die auch als „Diesel-Schnelltransporter" bezeichnet wurde, befanden sich der 250 Liter fassende Tank und, als Sonderausstattung, eine blechbeschlagene Werkzeugkiste.

Wie üblich, wurde auch der „Gigant" während der Kriegszeit mit einem Holzgasgenerator betrieben. Dadurch reduzierte sich die Leistung auf 75 PS. Nach dem Kriege wurde die erfolgreiche Zugmaschine unter der Typbezeichnung ST 100 weitergebaut. Bis 1945 hatten 5.079 „Giganten" die Hanomag-Werkshallen verlassen, von 1946 bis 1952 kamen weitere 1.112 ST 100 dazu.

Auch andere Firmen, wie zum Beispiel FAMO in Breslau, bauten Verkehrsschlepper. Es waren aber meist kleinere Fahrzeuge. Für schwere Zugmaschinen standen in den Dreißigerjahren hauptsächlich zwei Firmennamen: Kaelble in Backnang und FAUN in Nürnberg.

Mit den wuchtigen Haubenfahrzeugen beider Hersteller führte unter anderem die Reichsbahn, genau wie nach dem Krieg auch die Bundesbahn, ihre Schwertransporte auf der Straße durch. Ein typischer Einsatz bei der Bahn war der Transport von Güterwaggons auf Spezialanhängern, den sogenannten „Culemeyer-Straßenrollern", wie sie nach ihrem Erfinder benannt waren.

Johann Culemeyer hatte dieses System Anfang der Dreißigerjahre entwickelt und als „Fahrbares Anschlussgleis" patentieren lassen. Unter dem Motto „Die Eisenbahn ins Haus" wurden in einer Zeit, als Container noch unbekannt waren, die Waggons zu Fabriken gebracht, die keinen Gleisanschluss besaßen. Die ersten Spezialanhänger besaßen vier, ab 1935 dann sechs Achsen mit 16 beziehungsweise 24 Vollgummirädern. Neben Eisenbahnwaggons konnten auch andere sperrige Schwerlasten darauf befördert werden.

Dampf statt Diesel?

Wenn man den Bogen etwas weiter spannt, so liegt der Anfang aller Laster nicht im Süddeutschland, sondern in Frankreich, und ist zeitlich nicht am Ausklang des 19. Jahrhun-

derts anzusiedeln, sondern bereits rund 130 Jahre früher.

Es war der aus Lothringen stammende Artillerieoffizier und Erfinder Nicholas Joseph Cugnot (1725-1804), der im Auftrag des französischen Kriegsministeriums ein Transportmittel für das Militär entwickeln sollte.

Cugnot konstruierte daraufhin einen Wagen mit Dampfantrieb, der 1769 in Paris offiziell vorgestellt wurde. Das Gefährt soll eine Geschwindigkeit zwischen drei und viereinhalb Stundenkilometern erreicht haben, war

Prospekttitel für den Lanz Eil-Bulldog

Als schwerer Straßen-schlepper war der Lanz Eil-Bulldog über lange Jahre im Einsatz.

aber aufgrund des hohen Gewichts, bedingt durch die Kesselanord-nung über der Vorderachse, nur sehr schwer zu lenken. Sein Ende kam bereits während der ersten Vorführungen in Form einer massi-ven Kasernenmauer. Das Projekt wurde da-nach nicht weiter verfolgt.

Dennoch kann man Cugnots Dampfwagen als Vorläufer der Dampflokomotive und des Automobils betrachten. Unter dem ursprüng-lichen Verwendungszweck ist die Konstruk-tion zweifelsfrei als Nutzfahrzeug einzustu-fen. Hauptsächlich in England waren Dampffahrzeuge über einen längeren Zei-traum häufig anzutreffen und bildeten zwi-schen 1890 und 1920 eine ernstzunehmende Konkurrenz zum Automobil.

Ihr damaliger Vorteil: Insgesamt recht zu-verlässig, kein schwierig zu bedienendes Getriebe und keine verschleißanfällige Kupplung. Als Nachteile galten: hoher Brennstoff- und Wasserbedarf, hohes Ge-wicht und lange Vorlaufzeiten zum Druckauf-bau. Bedingt durch schwere Unfälle, kam es schließlich zum sogenannten „Red Flag Act" (Betrieb der Fahrzeuge nur in Begleitung von zusätzlichem Personal und Kennzeichnung mit einer Roten Flagge). Diese drastische Einschränkung bremste die Weiterentwick-lung der Dampffahrzeuge und ebnete nach

und nach dem benzingetriebenen Automobil den Weg.

Bis zum Zweiten Weltkrieg waren Lokomo-bile (Zugmaschinen mit Dampfantrieb) den-noch weit verbreitet, vor allem als Transport-mittel für Schausteller und Zirkusbetreiber. Die letzten Dampfwagen in Deutschland baute in Form von Straßenwalzen bis in die Fünfzi-gerjahre die Firma Ruthemeyer in Soest.

In Deutschland waren Dampflastwagen zwar eher Exoten, doch die Suche nach alter-nativen Treibstoffen war gerade aufgrund der Autarkie-Bemühungen des Dritten Rei-ches ein stets aktuelles Thema und somit eine Herausforderung für die Fahrzeugkon-strukteure.

Die Firma Henschel & Sohn in Kassel brachte als Hersteller von Lokomotiven lang-jährige Erfahrungen in Sachen Dampfantrieb mit und sah gute Möglichkeiten, diese auch in den Nutzfahrzeugbau einzubringen.

Da man zur Erzeugung von Dampf prak-tisch alle brennbaren Flüssigkeiten verwen-den konnte, war dieser Antrieb ideal, um heimische Rohstoffe verwenden zu können. Allerdings wiesen die bisherigen Dampfge-neratoren immense Größen auf und brauch-ten lange Aufheizzeiten. Sie eigneten sich daher wenig zum Antrieb von Fahrzeugen, die wirtschaftlich eingesetzt werden sollen.

Allerdings änderte sich das mit der Kon-struktion des kompakten Schnelldampf-erzeugers der kalifornischen Brüder Doble. Warren Doble arbeitete in den Jahren 1932 bis 1934 bei Henschel und trug so, zusam-men mit dem verantwortlichen Leiter, Oberin-genieur Richard Roosen, wesentlich zur Ent-wicklung der Henschel-Dampffahrzeuge bei.

In den Jahren 1933 und 1934 gab die Deut-sche Reichsbahn insgesamt 2.085 Lastwa-gen in Auftrag. Darunter waren zehn Hen-schel Fünftonner mit Dampfantrieb. Es handelte sich dabei um einen Zweiachser-Frontlenkertyp, dessen Dampfgenerator mit sämtlichen Nebenaggregaten direkt hinter dem Führerhaus angebracht war. Der Antrieb erfolgte mit einem Zweizylinder-Verbund-Dampfmotor (der Abdampf des ersten Zylinders wirkte noch auf den zweiten) auf die Hinterachse. Die Leistung lag bei ungefähr 120 PS. Eine Kupplung und ein Getriebe, wie beim herkömmlichen Verbrennungsmotor, gab es nicht. Die Leistungssteuerung erfolgte mit zwei Fußhebeln zur Regelung der Füllung und des Dampfdruckes. Die 230 Meter lange Rohrschlange im Dampfkessel hatte lediglich zehn Liter Fassungsvermögen. Der Dampf wurde teilweise kondensiert.

Henschel erhoffte sich alleine aufgrund der Tatsache, dass die Reichsbahn die Nummernfolgen 55.000 bis 55.999 für Dampflastwagen frei hielt, größere Aufträge. Doch es wurden nur noch wenige Fahrzeuge nachbestellt, da der Betrieb sich als zu kostenintensiv erwiesen hatte.

Relativ wenig bekannt ist, dass zu Beginn des 20. Jahrhunderts auch Krupp mit Dampfwagen experimentiert hat. Bereits im Jahr

1905 hatte man von der Studiengesellschaft Motorfahrzeugfabrik Deutschland GmbH, Peter Stoltz, die Hauptlizenz eines Dampflastwagens erworben. Die Besonderheit des von dem Ingenieur Peter Stoltz entwickelten Fahrzeugtyps lag in der angeblich völligen Explosionssicherheit des über der Vorderachse angebrachten Dampferzeugers, der aus einer Rohrplattenanlage und Überhitzerrohren bestand. Als weitere Besonderheit galt

Volldampf! Henschel-Ingenieure benutzten im Jahre 1935 diesen, aus England importierten, Sentinel-Dreiachser als Testwagen.

Schema-Zeichnung des nach dem System Doble konstruierten Henschel-Dampflastwagens

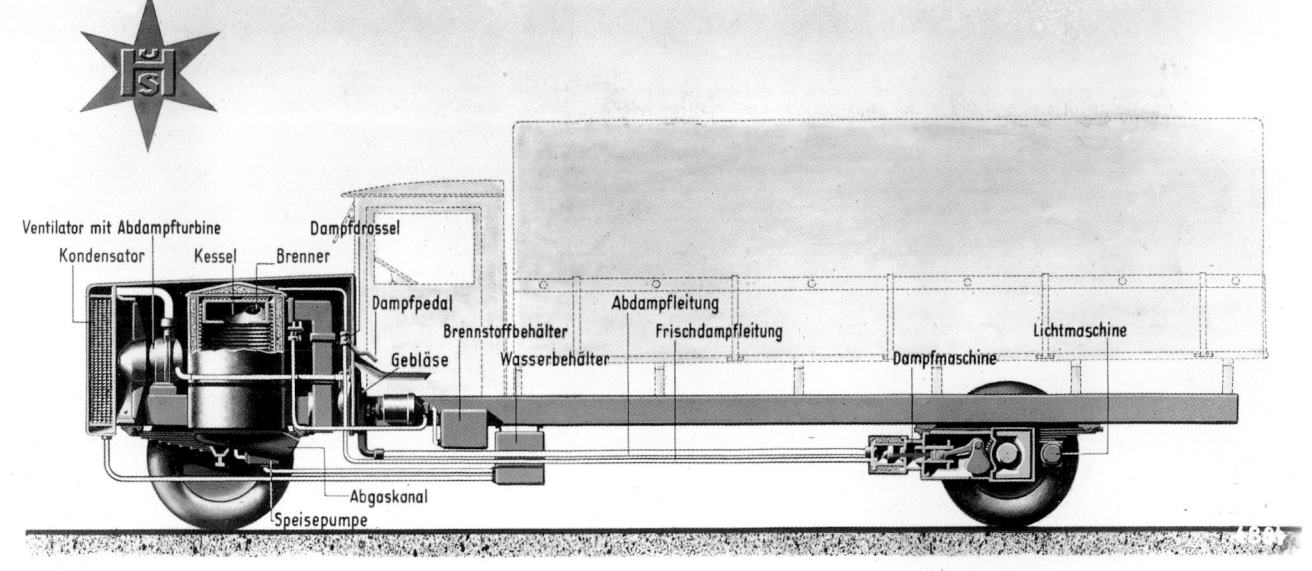

Ventilator mit Abdampfturbine — Dampfdrossel — Kondensator — Kessel — Brenner — Dampfpedal — Brennstoffbehälter — Abdampfleitung — Frischdampfleitung — Lichtmaschine — Gebläse — Wasserbehälter — Dampfmaschine — Abgaskanal — Speisepumpe

Frischdampf   Abdampf   Wasser   Brennstoff

Henschel Dampf-Lkw der zweiten Generation mit modern gestalteter Frontpartie.

die Rückführung des Abdampfes in einen ventilatorgekühlten Luftkondensator, der die erneute Nutzung des verbrauchten Dampfes ermöglichte.

Der Dampferzeuger konnte sowohl mit flüssigen Kraftstoffen (wie Schweröl oder Petroleum) als auch mit festen Brennstoffen wie Gaskoks oder Anthrazit beheizt werden. Für die Verwendung fester Brennstoffe stand eine automatische Schüttvorrichtung zur Verfügung.

Die Reichweite mit einer Brennstoffladung betrug etwa 100 Kilometer. Der Krupp-Typ nahm an militärischen Wettbewerbsfahrten teil, wurde jedoch aufgrund des hohen Betriebsstoffverbrauches abgelehnt.

Ein moderner Laster der 30er

Er zählte zu den gängigsten Lastern in den Dreißigerjahren, der L 6500 von Daimler-Benz, der 1935 in zwei Versionen vorgestellt wurde, und galt als Vorreiter des Schwerlasters für den Güterfernverkehr.

Es gab die Variante mit einem 120-PS-Motor und 10.300 Kubikzentimetern Hubraum und es gab die stärkere Version mit 150 Pferdestärken bei 12.500 Kubikzentimetern Hubraum. 1938 erhielt der „schwere Gaggenauer" ein neues Fahrerhaus. Die Motorleistung in der Zivilausführung lag nach wie vor bei 150 Pferdestärken, doch der Hubraum betrug nur noch 11,2 Liter.

Gab es anfangs nur den Radstand von 5.100 Millimetern, so gab es 1937 die Längen 4.650, 4.900 und 5.100 Millimeter. Ein Jahr später bot man nur noch zwei Längen, nämlich 4.350 und 5.100 Millimeter, an. Beim Zweianhängerbetrieb verkürzte sich die Länge der Pritsche beim „Radstand 5.100 Millimeter" um 250 Millimeter auf 5.750 Millimeter. Beim Getriebe standen inklusive Berg- und Schnellgang acht Schaltstufen zur Verfügung, die mit separaten Hebeln geschaltet werden mussten. Erreichbar war eine Höchstgeschwindigkeit von 60 Stundenkilometern.

Äußerlich schon recht modern wirkend, gestaltete sich der „Arbeitsplatz L 6500" für den Fahrer dann aber doch wirklich als solcher. So ein Fahrzeug zu bewegen bedeutete nichts anderes als harte schweißtreibende Knochenarbeit.

Zur Mitte der 1930er-Jahre waren Synchrongetriebe und Servolenkung unbekannt und auch eine Heizung gab es im Lkw-Fahrerhaus noch nicht. Das für heute übliche Dimensionen riesige Lenkrad ließ sich im Stand überhaupt nicht drehen und auch nur zentimeterweise, wenn der Lkw langsam fuhr. Bei höheren Geschwindigkeiten forderte jede Lenkbewegung einen Kraftaufwand, wie man ihn sich heute am Steuer eines modernen Lastwagens gar nicht mehr vorstellen kann. Bei Kurvenfahrten war es üblich, dass der Beifahrer mit in den Lenkvorgang eingriff. Das Schalten des Achtganggetriebes mit seinen zwei Schalthebeln musste ebenso gelernt sein wie das Abbremsen der schweren Fahrzeuge, die oft genug mit zwei Anhängern unterwegs waren. Die Bremsen arbeiteten noch nicht so genau wie heute, erforderten jedoch ebenfalls einen enormen Kraftaufwand. Dazu kam ein permanenter Dieselgestank in der Kabine und ein ohrenbetäubender Lärm, für den die 150 Pferde unter der langen Haube verantwortlich waren.

Im Winter mag man die Wärme, die der Motor ins Fahrerhaus abstrahlte, noch als angenehm empfunden haben, doch auf einsamer Landstraße in glühender Sommerhitze kam man sich hinter dem Lenkrad so vor, als wäre man in einen heißen Backofen geraten.

Auf diesen Landstraßen traf man gelegentlich auch einen anderen Giganten mit dem Stern am Kühler, den gewaltigen Dreiachser L 10.000 (bzw. Lo 10.000, wie er bis 1936 noch bezeichnet worden war). Die Kraft seines 150-PS-Triebwerkes (12.500 Kubikzentimeter) wurde auf beide Hinterachsen übertragen. Von 1938 bis 1941 wurde ein Motor gleicher Leistung eingebaut, der nur 11.200 Kubikzentimeter Hubraum hatte. Geplant war auch noch ein Kraftpaket in Form eines 200-PS-Motors mit 14.300 Kubikzentimeter. Hier blieb es aber beim Bau eines Prototypen. Waren die frühen Modelle von L 6.500 und L 10.000 aus dem Jahre 1935 noch recht kantig in ihrem Aussehen, so wirkten sie nach einem „Facelifting", wie man heute sagen würde, ab 1938 mit ihren rundlichen Fahrerhäusern nicht mehr so klotzig. Leichter zu handhaben waren sie aber deshalb nicht. Ihre Heimat sollten eigentlich die endlosen Betonbänder der

neuen Reichsautobahnen werden. Doch davon gab es vor Kriegsausbruch 1939 noch nicht sehr viele.

Der Staat greift in das Verkehrswesen ein

Die zunehmende Motorisierung, in Verbindung mit der sich rasch weiter entwickelnden Technik, veranlasste die Regierungsstellen in teilweise recht kurzen Intervallen zur Herausgabe von entsprechenden Gesetzen und Verordnungen. Diese zwangen nicht zuletzt die Kraftfahrzeugindustrie zu schnellem Handeln, um die Neukonstruktionen kundengerecht anbieten zu können. Hier ein paar Beispiele aus der Zeit vor dem Zweiten Weltkrieg.

Die gültigen Vorschriften des Jahres 1925 erlaubten den Bau von Dreiachsern mit einem Gesamtgewicht von 9 Tonnen bei Vollgummi- und bis 15 Tonnen bei Luftbereifung.

Dieser Mercedes L 6500 Tankzug mit Dreiachsanhänger war auf engen Straßen nicht einfach zu manövrieren.

Der MB L 6500, hier in seiner ersten Version, wurde zum Ende der Dreißigerjahre mit einem abgerundeten Fahrerhaus gebaut.

Gleichzeitig wurde der Bau sogenannter Schnelllaster begünstigt: Zweiachser mit einem Gesamtgewicht von fünfeinhalb Tonnen mit Geschwindigkeiten, die über 30 Stundenkilometer lagen. Die mit Hartgummi ausgestatteten Fahrzeuge durften nur 25 Stundenkilometer schnell sein und sofern Anhänger mitgeführt wurden, waren nur 16 Stundenkilometer erlaubt.

1927 wurde das erlaubte Gesamtgewicht bei Zweiachsern auf zwölf Tonnen erhöht, drei Jahre später war bereits der Bau von Zweiachsern erlaubt, die bei einem Gesamtgewicht von zehn Tonnen dann fünf Tonnen Nutzlast befördern durften. Das Gesamtgewicht der Dreiachser mit Luftbereifung durfte im Jahre 1930 18,5 Tonnen nicht überschreiten, bei einer Nutzlast, die auf zehn Tonnen begrenzt war.

In der Reichsstraßenverkehrsordnung von 1934 gingen die Tonnagezahlen erneut nach oben. Ein zweiachsiger Lastwagen durfte nun ein Gesamtgewicht von 16 Tonnen haben, für den Dreiachser waren 24 Tonnen erlaubt. Dieses Gesamtgewicht billigte man auch Vierachsern zu, deren Zulassung nun möglich wurde. Als Beispiel sei hier der FAUN L 1500D (Frontlenker) aus dem Jahre 1938 genannt, der bei einer Motorleistung von 200 Pferdestärken 14 Tonnen Nutzlast befördern konnte.

1936 wurde durch staatliche Verordnungen der aufgekommene Preiskampf zwischen der Reichsbahn und dem immer stärker expandierenden Kraftverkehrsgewerbe beendet. Das Reichsverkehrsgesetz von 1938 legte die maximale Nutzlast bei Zweiachsern auf neun Tonnen und bei Dreiachsern auf 14 Tonnen fest. Ab dem 1. Oktober 1938 musste für den Betrieb mit Anhängern ein beleuchtbares Warnzeichen auf dem Dach des Zugfahrzeuges installiert werden. Dieses „Gelbe Dreieck" war bei Fahrten ohne Zuglast umzuklappen und musste beim Hängerbetrieb senkrecht aufgerichtet sein. Im März 1939 legte man die Achslast auf maximal neun Tonnen und das Fahrzeug-Gesamtgewicht auf 14 Tonnen fest.

Willy Staniewicz

Der Name dieses Konstrukteurs ist weitgehend unbekannt geblieben, wenngleich auch er in nicht geringem Maße zur Entwicklungsgeschichte des Lastwagens beigetragen hat.

1881 in Guben geboren, wurde er im Jahre 1906 von Heinrich Büssing als Ingenieur eingestellt. Er wurde 1908 Leiter der von Büssing gegründeten ersten Spedition der Welt, die mit Motorfahrzeugen ausgerüstet war. Büssing wollte mit den zwischen Braunschweig und Berlin verkehrenden Motor-Lkws auf seine Fahrzeuge aufmerksam machen und verband so ein lukratives Geschäft mit Eigenwerbung.

Im Jahre 1910 beauftragte die Preußische Heeresverwaltung Willy Staniewicz mit der Entwicklung eines einheitlichen Subventionslastwagens, was innerhalb von zwei Jahren gelang. Ab 1913 wurde der „Armeelastzug Typ 1913" („A.L.Z. 1913"), wie man das Gesamtprojekt getauft hatte, zum verbindlichen Vorbild aller Hersteller, die sich mit dem Bau von staatlich geförderten Lastkraftwagen beschäftigten. Genau diese Subventionslastwagen waren es, die den Bau von Nutzfahrzeugen im Deutschen Kaiserreich vorantrieben. Somit war Willy Staniewicz, einer der Wegbereiter für den Lastwagen in Deutschland.

Im Jahre 1924 reiste er mit dem Büssing-Direktor Paul Werners in die USA, um sich die Fließbandproduktion der Ford-Werke anzusehen. Man war von dieser Art der Fahrzeugherstellung in höchstem Maße beeindruckt und berichtete in Braunschweig begeistert davon. Schon bald darauf führten die Büssing-Werke, als einer der ersten Hersteller auf dem Kontinent überhaupt, die moderne Fließbandfertigung ein und konnten so rationeller wirtschaften.

Als Chef-Konstrukteur entwickelte Staniewicz zu Beginn der Zwanzigerjahre auch den ersten Dreiachs-Omnibus der Welt maßgeblich mit. Dieser Bus, mit zwei angetriebenen Hinterachsen, war gleichzeitig der erste Großbus in Europa mit Luftbereifung. Willy Staniewicz hielt der Firma Büssing bis zu seinem Tod die Treue. Er verstarb im Jahre 1962 und wurde auf dem Braunschweiger Hauptfriedhof beigesetzt.

2. Weltkrieg und Neuanfang

Der Einheitsanstrich für Lastwagen

Am 24. Juni 1936 erließ der „Reichs-Kraftwagen-Betriebsverband" Vorschriften zur Kennzeichnung der Fahrzeuge im Güterfernverkehr. Die gleichzeitig auferlegte Farbgebung basierte auf der „Farbenkarte für Fahrzeuganstriche", kurz RAL-Karte (RAL = „Reichsausschuss für Lieferbedingungen").

Vorschrift für Fahrzeuge mit Pritschenaufbau: Aufbau, Führerhaus, Motorhaube; Kühler, soweit nicht verchromt: Blau, Farbton 33; Fahrgestell und Stoßstange: Schwarz, Farbton 5; Räder: Rot, Farbton neun; Positionskugeln auf den Peilstangen: Elfenbein, Farbton 20h.

Um den Aufbau musste eine Rhomben-Borte (auch Rautenband genannt) in Elfenbein 20h aufgebracht werden. Die einzelnen

Rhomben waren 20 Zentimeter lang und zehn Zentimeter hoch. Das Band sollte 25 Zentimeter über der Ladefläche positioniert sein. Fahrzeuge mit geschlossenen Aufbauten hatten die Rhomben-Borte auf halber Höhe anzubringen. Auf den Türen waren elfenbeinfarbene Felder (Abmessungen: 40 cm x 60 cm) mit 1,5 Zentimeter breitem Rand im Farbton Rot 9 für die Firmenanschrift vorgeschrieben. Die Fahrzeuge des „Bezirksverkehrs" (150 km um den Standort) mussten die Rhomben-Borte in Rot 9 ausführen. Reklame-Aufschriften waren zunächst verboten, die Ausnahme bildeten jedoch Möbelwagen.

Am 17. November 1938 erschien eine Neuverordnung für den Einheitsanstrich: Das gesamte Fahrzeug sollte, bis auf die Rhomben-Borte, im Farbton Grau 46 gestrichen werden. Bereits einen Monat später, am 29. Dezember 1938, erfolgte die Zusatzanwei-

Entspricht genau den gesetzlichen Vorschriften für den Lkw-Einheitsanstrich: Magirus M65

sung, auch blanke Kühler grau zu streichen. Dazu mussten die recht auffälligen Türschilder weichen. Stattdessen war die Beschriftung in Elfenbein 20h direkt auf die graue Grundfarbe aufzubringen. Abnehmbare Reklametafeln (maximale Schildgröße 80 x 120 cm) wurden erlaubt.

Geschlossene Aufbauten sollten bis zur Oberkante der Motorhaube grau, darüber Elfenbein sein. Der obere Teil durfte mit Reklame beschriftet werden. Später wurde aus Gründen der besseren Lesbarkeit die Beschriftung und die Borte in Schwarz vorgeschrieben. Ausnahmen von der Verordnung galten für Thermoswagen (Kälte- bzw. Wärmeschutzwagen) und Tankfahrzeuge.

Das Jahr 1938 wurde für die Nutzfahrzeugindustrie zu einem Jahr der Expansion. 88.000 Lkws liefen von den Montagebändern. Über ein Viertel ging davon an die Wehrmacht. Neben dem Inlandsboom liefen auch die Auslandsgeschäfte bestens. Verschiedene Hersteller gründeten Tochtergesellschaften und Vertretungen im Ausland: Büssing in der Türkei, Daimler-Benz in Brasilien, Henschel in Rumänien, MAN in Argentinien.

Doch trotz der guten wirtschaftlichen Gesamtsituation lag schon der drohende Schatten des kommenden Krieges über der zukünftigen Entwicklung.

Ab 1940 pendelte sich eine Stückzahl von rund 90.000 gebauten Fahrzeugen pro Jahr

Dieser Krupp verdeutlicht noch einmal in Farbe den Einheitsanstrich.

ein, wobei die Wehrmacht 80 Prozent davon erhielt. Die geringe Stückzahl für zivile Abnehmer bestand fast ausschließlich aus Fünftonnern.

Der „Schell-Plan"
Mit Ziel der Typenreduzierung und Produktionssteigerung wurde zur Umsetzung des 2. Vierjahresplanes 1938 die Dienststelle des „Generalbevollmächtigten für das Kraftfahrzeugwesen" (GBK) eingerichtet. Die Leitung wurde dem Oberst im Generalstab und späteren Generalmajor Adolf von Schell übertragen. Sein Auftrag: ein wirtschaftspolitisches Programm zur Vereinheitlichung der Automobilfertigung im Deutschen Reich zu entwickeln und die Produktionsverhältnisse neu zu ordnen.

Die Entwicklung der Nutzfahrzeug-Produktion bei Daimler-Benz

Produktionszahlen 1930–1939:

1930	2.105
1931	1.974
1932	1.595
1933	3.520
1934	5.617
1935	8.459
1936	9.218
1937	12.367
1938	15.025
1939	15.694

Lkw-Produktion 1938: 88.000 Fahrzeuge (davon 26 Prozent für die Wehrmacht) 1939: 102.000 Fahrzeuge

Der Hintergrund: Bedingt durch die ständig wachsende Fahrzeugindustrie und die damit verbundene Konkurrenz war es zu einer verwirrenden Vielfalt von Kraftfahrzeugtypen gekommen. So gab es 1938 über 50 Pkw-

Typen in Deutschland. Bei den Lastkraftwagen stellte sich das Bild noch wesentlich unübersichtlicher dar.

Das Programm, das von Schell im März 1939 vorlegte, sah eine drastische Reduzierung dieser Typen-Vielfalt vor. Bei den Pkws waren zukünftig nur noch 30 Typen vorgesehen, während man bei den Lkws 14 Haupttypen (von einer Tonne bis sechs Tonnen) festlegte, die auf vier Grundtypen aufbauten.

Zusätzlich teilte man die gewünschten Typen zentral den Herstellerwerken zu, die sich den entsprechenden Auflagen nicht entziehen konnten. Ein natürlicher Konkurrenzkampf der Firmen untereinander war also auch nicht mehr möglich.

Ein krasses Beispiel für das staatliche Eingreifen in die (noch) zivile Produktion belegt die Firma Borgward, die ihre Fertigung von Pkws voll auf Heeres-Lastwagen, Artillerieschlepper und Panzerspähwagen umstellen musste.

Festlegung der Grundbautypen, die auch in Lizenz von anderen Firmen gefertigt werden sollten: eineinhalb Tonnen: Borgward, Daimler-Benz, Opel, Phänomen, Steyr; drei Tonnen: Borgward, Daimler-Benz, Opel, Ford und eine Gemeinschaftskonstruktion unter der Beteiligung von Klöckner-Humboldt-Deutz (Magirus) und Tatra; viereinhalb Tonnen: Büssing-NAG und eine Gemeinschaftskonstruktion von Daimler-Benz und Gräf & Stift sowie eine Gemeinschaftskonstruktion von Klöckner-Humboldt-Deutz (Magirus), Henschel, MAN und Saurer (Österreich); sechs Tonnen: Büssing-NAG, VOMAG, sowie eine Gemeinschaftskonstruktion von FAUN, Fross, Büssing, Krupp und MAN.

Das „Schell-Programm" zeigte bald seine Folgen. Die Hersteller passten sich an beziehungsweise mussten sich notgedrungen anpassen. Ein Beispiel ist der Mercedes L 3000, der als Antwort auf den Opel „Blitz" als rein ziviler Dreitonner konzipiert war: Er wurde im

Gemäß Schell-Plan: Büssing 4500A aus dem Jahre 1942

Zuge des „Schell-Programms" so überarbeitet, dass er auch den militärischen Anforderungen gerecht werden konnte. Die Anpassung spiegelte sich zunächst in der Steuerbegünstigung für den Käufer wider, was sicherlich anfangs die Verkaufszahlen nach oben brachte. Doch bald konnten zivile Interessenten gar keine Nutzfahrzeuge mehr erwerben.

Eine erhöhte Bodenfreiheit und ein größerer Böschungswinkel machten den Laster geländetauglicher. Zwei lieferbare Radstände wurden auf einen (nämlich den kürzeren) reduziert. Der S-Typ (Standard) hatte eine angetriebene Hinterachse und wurde als „geländefähig" eingestuft, während man der Allradversion volle Geländegängigkeit bescheinigte.

Hatte das ursprüngliche Grundmodell noch einen Benzinmotor mit 70 PS, so kamen ab 1939 nur noch Vierzylinder-Dieselmotoren des Typs OM65/4 zum Einbau, die auf 75 PS gesteigert waren. 32.000 Fahrzeuge verließen bis 1944 die Montagebänder.

Für den Kriegseinsatz erwies sich der L 3000 dem Opel „Blitz" jedoch als unterlegen und Daimler-Benz musste notgedrungen

das Konkurrenzmodell bauen. Mitte August 1942 wurden die entsprechenden Verträge unterzeichnet. Daimler-Benz zahlte an die Adam Opel AG eine Lizenz-Pauschale von 800.000 Reichsmark. Die Entwicklung des neuen, eigenen Dreitonners durfte nicht fortgeführt werden. Trotzdem kam es erst im Sommer 1944 zum Bau des Opel Dreitonners. Am 20. Juli 1944 lief im Werk Mannheim der erste „Blitz" vom Mercedes-Band. Seine nüchterne Typbezeichnung: L 701. Am 6. August 1944 wurde die eigentliche Heimat des „Blitz", das hochmoderne Opel-Werk in Brandenburg, durch einen massiven Luftangriff verwüstet. Somit war plötzlich Daimler-Benz der einzige Hersteller dieses Musters.

Der größere 4,5-Tonner L 4500 wurde mit dem auf 120 PS gesteigerten Dieselmotor OM 67/4 ausgerüstet. Im Verlaufe des Krieges drosselte man die Leistung auf 112 PS. Statt eines direkten Kardanantriebes wurde ein Stirnnabenantrieb verwendet.

Aus Gründen der Rohstoffersparnis durften im späteren Verlauf des Krieges alle Nutzfahrzeuge in den Klassen eineinhalb bis viereinhalb Tonnen nur noch mit dem sogenannten

„Einheitsfahrerhaus" aus Presspappe ausgestattet werden. Durch diese Bauweise war es auch möglich, Scheiben und Türen jederzeit gegeneinander auszuwechseln. Alle möglichen verzichtbaren Teile entfielen ebenfalls, darunter die hinteren Kotflügel, aber auch die Fahrtrichtungsanzeiger (Winker). Die Beleuchtung wurde auf Tarnscheinwerfer und Positionslampen beschränkt.

Die Lkw-Produktion wurde durch gezielte Luftangriffe in der zweiten Hälfte des Krieges immer mehr behindert. Davon waren Hersteller genauso betroffen wie die Zulieferfirmen. Eine zunehmende Lähmung des Verkehrsnetzes, ausgelöst durch Angriffe direkt sowie indirekt durch fehlende Transportkapazitäten, Treibstoffengpässe und Rohstoffmangel, ließen die Produktionszahlen immer

Joseph Vollmer

Der Ingenieur Joseph Vollmer war ein vielseitiger Konstrukteur und zählt zu den bedeutenden Automobilpionieren, obwohl kein Fahrzeug je seinen Namen trug.

Als Sohn eines Baden-Badener Schlossermeisters am 13. Februar 1871 geboren absolvierte er nach einer Schlosserlehre und einer Ausbildung zum Elektromonteur ein Studium als Maschinenbauingenieur am Technikum Mittweida (Sachsen). Nach der Graduation, im Jahr 1894, begann seine Karriere bei der Firma Bergmann in Gaggenau. Sein erstes Automobil, „Orient-Express" genannt, begründete den Kraftfahrzeugbau in diesem Ort, der später Mercedes-Standort werden sollte.

Vollmer ging später nach Berlin, um als Teilhaber bei der Firma Kühlstein Leiter der Fabrikation zu werden. Er entwickelte hier ganz unterschiedliche Fahrzeuge, wie Sport- und Lastwagen und Elektromobile. Auf der Pariser Weltausstellung im Jahre 1900 wurde Vollmer für seine Konstruktionen mit hohen Preisen ausgezeichnet. Aufgrund seiner technischen Kenntnisse berief man ihn in Berlin, Potsdam und Frankfurt an der Oder zum polizeilichen Sachverständigen. Daneben wurde Vollmer Mitglied der technischen Kommission des Mitteleuropäischen Motorwagenvereins.

Joseph Vollmer gilt heute als Vorreiter auf dem Gebiet des Vorderantriebes. Die ersten Kraftfahrzeuge der Post wurden mit seinem „Avant-train", wie man die Fahrzeuge nach dem französischen Vorbild nannte, ausgerüstet.

1902 übernahm die AEG unter anderem die Firma Kühlstein, um ein eigenes Autowerk unter dem Namen NAG (Neue Automobil GmbH) einzurichten. Als Leiter setzte die AEG Joseph Vollmer ein, der hier genau der richtige Mann am richtigen Platz war. Als Chefingenieur entwickelte er alle Fahrzeuge, die bis 1906 bei NAG gebaut wurden. Das Markenzeichen dieser Autos war der Rundkühler.

Besonders hat man Joseph Vollmer als Konstrukteur des ersten Lastzugs der Welt in Erinnerung behalten. Es handelte sich dabei um einen NAG-Lastwagen mit zwei Anhängern, der für die deutschen Kolonien in Afrika konzipiert war und auf der dritten Automobilausstellung in Berlin 1903 vorgestellt wurde. Er trug den bezeichnenden Namen „Durch".

Im Jahre 1906, inzwischen verheiratet, verließ Oberingenieur Vollmer die NAG und gründete mit seinem Freund Ernst Neuberg, einem Patentrechtler, die Deutsche-Automobil-Construktionsgesellschaft (DAC), die über dreißig Jahre Fahrzeuge und Motoren konstruierte und diese gegen Lizenzen an zahlreiche Kunden im In- und Ausland verkaufte.

Im 1. Weltkrieg (1914–1918) bekam Joseph Vollmer, jetzt im Range eines Hauptmanns, den Auftrag, alle wichtigen Bestandteile der militärisch verwendeten Fahrzeuge auf das metrische System hin zu vereinheitlichen. Er zählt damit zu den Vätern der Deutschen Industrie-Norm (DIN) und der FAKRA, die für eine Typisierung von automobilen Baugruppen sorgte. Daneben entwickelte er 1916 mit seinen Mitarbeitern die Bauvorschriften für einen Einheits-Dreitonner. Ein weiterer Meilenstein war für Vollmer der Konstruktionsauftrag für den ersten deutschen Panzer „A7V", dessen Bau er als leitender Konstrukteur maßgeblich beeinflusste. Nach dem Kriege kamen ihm die beim Panzerbau erlangten Erfahrungen auf zivilem Gebiete wieder zugute. Er konstruierte Geräte für die Landwirtschaft wie Radschlepper und die legendäre Hanomag-Raupe. Auch die Entwicklung des Dieselmotors trieb Vollmer maßgeblich voran.

Insgesamt wurden ihm rund 450 inländische und ausländische Patente sowie Gebrauchsmuster erteilt. Sein Lebenswerk wurde unter anderem durch die Verleihung des Bundesverdienstkreuzes am Bande, der Dieselmedaille und dem Dieselring gewürdigt. Der verdiente Automobilpionier Joseph Vollmer verstarb nach einem Vortrag im Volkswagen-Werk in Braunschweig am 9. Oktober 1955 im Alter von 84 Jahren.

weiter heruntergehen. Die Lkw-Produktion bei Daimler-Benz in den Kriegsjahren 1940–1945 belegt die Entwicklung.

1940:	14.683
1941:	14.187
1942:	1.552
1943:	11.375
1944:	8.559
1945:	1.037

**Nutzung heimischer Energie:
Der Holzgasgenerator**

Der sogenannte „Holzgas-Antrieb", der allgemein erst mit der Kriegs- und Nachkriegszeit in Verbindung gebracht wird, resultiert aus Überlegungen, die in den Zwanzigerjahren hauptsächlich in Frankreich, aber auch in England angestellt wurden.

Ziel war es, Fahrzeugmotoren mittels vergaster Holzkohle zu betreiben. Es gab sogar entsprechende Wettbewerbe dazu. Das Ganze funktionierte zwar, doch war es aufwendig, umständlich und eine sehr rußige Angelegenheit. Auch die erzielten Leistungen ließen zu wünschen übrig. Ungefähr 50 Prozent der normalen Motorleistung konnte man mit der „Holzbefeuerung" erreichen, unter Inkaufnahme ständiger Fahrtunterbrechungen zur Auflockerung des Holzes im Vorratsbehälter.

In Deutschland wurde das Thema in den Dreißigerjahren unter dem Aspekt interessant, sich von der Abhängigkeit ausländischer Rohstoffquellen zu lösen. Erdöl gab es in Deutschland wenig, Holz dafür fast unbegrenzt.

Man stieß dabei auf die Entwicklung des Lothringer Chemikers Georges Imbert (1884–1950). Dieser hatte sowohl in Deutschland als auch in England gearbeitet. In England wurde er mit der Frage konfrontiert, ob man billig aus Kohle Benzin produzieren könne. Seine Antwort lautete: „Ja, synthetisches Benzin

Ein Dreitonner der KHD-Versuchsabteilung, nach Auflage des Schell-Plans bei Watversuchen

Dieser Magirus M265HG ist, wie die Typbezeichnung schon aussagt, mit einem Holzgenerator ausgerüstet.

lässt sich aus Kohle herstellen, aber nicht billig." Sein Vorschlag belief sich auf die Vergasung von Anthrazit, das in England verfügbar war. Daraufhin wurde ein entsprechender Generator gebaut, der aber nicht in einem Fahrzeug erprobt worden ist.

Die Maschinenfabrik deDietrich mit Niederlassungen in Lothringen und im Elsaß baute Imbert-Generatoren ab 1924 in Berliet-Fahrzeuge ein. Georges Imbert verbesserte seine Konstruktion, machte sich 1926 selbstständig und vergab Lizenzen. In Deutschland entstand daraufhin die Imbert Generatoren-Gesellschaft (Köln). 1931 entstand dort eine Holzgasanlage für den Alltagsbetrieb.

Im Dritten Reich stand die Gewinnung von Treibstoffen aus heimischen Rohstoffen ganz oben auf der Prioritätenliste. Neben dem synthetischen Benzin spielte dabei der Holzgasantrieb von vornherein eine wichtige Rolle. Man gründete die Gesellschaft für Tankholzgewinnung und Holzverwertung AG und plante für das Reichsgebiet eine Kette von 3.000 „Holztankstellen", an denen die

Kraftfahrer mit Nachschub für die Gas-Generatoren versorgt werden sollten. Am 30. Mai 1942 wurde die Zentrale für Generatoren gegründet. Zu diesem Zeitpunkt gab es für zivile Fahrzeuge praktisch keinen frei verfügbaren Flüssigtreibstoff mehr.

Das „System Imbert" war der einzige „Holzgaser", der in großen Stückzahlen gebaut wurde. Bis zum Jahre 1948 wurden 532.000 Stück produziert, davon in Deutschland bis zum Kriegsende alleine etwa 200.000.

In Frankreich gehörten während der deutschen Besatzungszeit „Gazogènes" ebenfalls zum alltäglichen Straßenbild. Neben Militärfahrzeugen der Wehrmacht waren circa 40 Prozent der insgesamt 350.000 zivil zugelassenen französischen Kraftfahrzeuge mit Holzgeneratoren ausgerüstet. Alle, ob Soldaten oder zivile Nutzer, fluchten über dieses Ding, das aussah wie ein Badeofen, unverzichtbar war, aber sonst nur „Rauch, Ruß und Verdruss" produzierte.

Die Funktionsweise stellte sich wie folgt dar: Im Gaserzeuger (einem Behälter, der äu-

Heinrich Büssing
Heinrich Büssing, einer der bedeutendsten Pioniere der deutschen Nutzfahrzeuggeschichte, kam als zweites Kind eines Dorfschmiedes in Nordsteimke zur Welt, einem Ort, der heute zu Wolfsburg gehört. Sein Geburtsdatum war der 29. Juni 1843.

Nach seiner Schulzeit erlernte er von seinem Vater das Schmiedehandwerk und legte 1859 in Form eines geschmiedeten Hufeisens sein Gesellenstück ab. Zwei Jahre arbeitete er danach noch in einer Braunschweiger Schmiede, 30 Kilometer von seinem Heimatort entfernt, bei einer täglichen Arbeitszeit von 12 bis 14 Stunden. 1861, nachdem er 18 Jahre alt geworden war, zog es ihn dann eineinhalb Jahre auf Wanderschaft. 1863 schrieb er sich als Gasthörer in das „Collegium Carolinum" der späteren Technischen Hochschule Braunschweig ein. Nach seinem Studium heiratete er 1866 die Tochter des Hausverwalters der Hochschule, Marie Zimmermann. 1869 gründete Heinrich Büssing in Braunschweig seine erste Firma, in der er selbst konstruierte Fahrräder (Hochräder) baute. Er scheiterte damit aber rasch mangels fehlendem Kapital. Auch sein nächster Versuch einer Unternehmensgründung verlief glücklos. Anders wurde es, als er wenig später bei der „Eisenbahnsignal-Bauanstalt Max Jüdel & Co.", deren Mitbegründer er war, als technischer Leiter fungierte. Dank seinem Erfindergeist gelang es Deutschland, den englischen Vorsprung in der Signaltechnik aufzuholen. Das Unternehmen war überaus erfolgreich und Büssing er-

hielt bis zum Jahr 1903 insgesamt 92 Patente im Eisenbahn-Signalwesen.

Zu Beginn des neuen Jahrhunderts änderte sich Heinrich Büssings Leben dann ganz radikal. Mittlerweile um die sechzig, dachte er keineswegs an Ruhestand, sondern schlug unternehmerisch eine ganz neue Richtung ein. Er wandte sich dem Fahrzeugbau zu. Ein erster von ihm gebauter Prototyp, „Graue Katze" genannt, hielt seiner eigenen Kritik nicht stand. Im Jahr 1900 hatte er auf der Dresdner Automobilausstellung einen „Benz-Mylord", auch „Riemen-Benz" aufgrund seiner Antriebstechnik genannt, erworben. Büssing fuhr selbst damit nach Hause zurück. Ursprünglich nicht dem Riemenantrieb zugetan, weil dabei zu wenig Kraft übertragen wurde, wandte er diese Technik bei seiner „Grauen Katze" noch an, ging dann aber zu Zahnradschaltgetrieben über. Zunächst baute er drei Versuchswagen, um eine stufenlose Kraftübertragung mittels variabler Riemenscheiben zu erproben. Im Mai 1903 gründete Heinrich Büssing, unter Einsatz seines Privatvermögens, mit seinen Söhnen Ernst und Max eine eigene Firma („Heinrich Büssing, Specialfabrik für Motorlastwagen, Motoromnibusse und Motoren". Mit einer Belegschaft von 10 Mann betrat Büssing im Alter von sechzig Jahren automobiles Neuland.

Im Gegensatz zu vielen anderen Konstrukteuren jener Zeit sah Büssing sein Betätigungsfeld hauptsächlich in der Entwicklung von Nutzfahrzeugen. Bereits im Oktober 1903 wurde ein 2,5-Tonner-Lkw fertiggestellt, dessen Antrieb ein Zweizylindermotor mit neun PS besorgte. Ähnlich wie beim Bau von Eisenbahnwaggons bestand der Rahmen des Fahrzeugs aus U-Trägern, die durch Unterzüge versteift wurden. Der Antrieb erfolgte mittels Kette. Weitere

technische Merkmale waren: obenliegende, über die Königswelle angetriebene Nockenwelle, hängende Ventile und Magnetzündung. Insgesamt eine recht fortschrittliche Konstruktion. Der erste Lkw wurde ausgiebigen Tests unterzogen, anschließend demontiert und nach sorgfältiger Prüfung aller Teile wieder zusammengebaut. Das Originalfahrzeug ist noch heute erhalten und gehört zu den Museumsfahrzeugen des MAN-Museums.

Ein zweiter Büssing-Zweizylinder ging an die Firma Jüdel, die das Fahrzeug im Dauereinsatz erprobte, bevor dann die Serienfertigung aufgenommen wurde.

Ab 1904 verlagerte Büssing seine Aktivitäten erfolgreich auf den Bau von Bussen. So waren beispielsweise die Londoner Verkehrsbetriebe Großkunden von Büssing. Alleine über 100 Fahrgestelle für Doppeldeckerbusse gingen in die britische Hauptstadt. Um 1907 erließ sowohl das preußische als auch das bayerische Militär eine Ausschreibung für „kriegsbrauchbare Armee-Lastwagen" in den Klassen 3,5 Tonnen und 4,5 Tonnen sowie für standardisierte Zweitonnen-Anhänger.

Büssing stieg 1908 in den Bau dieser „Subventionslastwagen" ein. Es gab drei verschiedene Leistungsklassen bei den Motoren: 35 PS, 38 PS und 40 PS. Merkmale waren u. a. die größere Bodenfreiheit (35 cm statt 28 cm) und Schubstangen als Federelemente zwischen der Hinterachse und dem Rahmen. Man wollte mit einem speziellen Federungssystem die harten Stöße der (noch) Eisenreifen und Hartgummibereifung auffangen. Acht Fahrzeuge schickte Heinrich Büssing erfolgreich zu den Vergleichsfahrten der Militärverwaltungen. Seine eigene Spedition, von Willy Staniewicz geleitet, sorgte ab 1908 dann als „erste Kraftverkehrsgesellschaft der Welt" für weitere gute Reklame in Sachen Büssing-Nutzfahrzeuge.

Heinrich Büssing, der 1909 zum Geheimen Baurat und Dr. Ing. E. h. von der Technischen Hochschule ernannt wurde, war stets um technische Neuerungen bemüht, was sich quasi auf allen Gebieten der noch jungen Automobiltechnik niederschlug.

Neben den Standard-Lkws baute man in Braunschweig ab 1911 auch Spezialfahrzeuge wie Langholz-Transporter, deren Zugmaschinen auf verkürzten Lkw-Fahrgestellen basierten. Interessant waren auch die zahlreichen Sonderfahrzeuge für das Militär, in die teilweise erstmalig Sechszylindermotoren eingebaut wurden. Auch ein benzin-elektrischer Antrieb stand für bestimmte Militärfahrzeuge schon zur Verfügung. Hierbei trieben zwei Motoren mit circa 60 PS Leistung (10 Liter Hubraum) und Dynamos an, die elektrische Energie an Elektromotoren weitergaben, die an den Hinterrädern und Anhängern installiert waren. Auch auf Schienen setzen konnte man Büssing-Lkws. Hierzu wurden bestimmte Radsätze konstruiert.

Im Jahre 1913 zählten die Büssing-Werke in Braunschweig mit rund 2.000 Beschäftigten zu den größten Nutzfahrzeugherstellern der Welt.

Neben den gebauten Fahrzeugen wurden auch die reichlich vergebenen Fertigungslizenzen zum lukrativen Geschäft. Eigene Verkaufsorganisationen entstanden in Holland, Italien, Schweden, Norwegen, Dänemark, Russland und sogar in den USA. Das Rüstungsgeschäft trat nach Beginn des Weltkrieges, im August 1914, in den Vordergrund. Eine Vielzahl von Spezialfahrzeugen wurde für das Militär gebaut, darunter Geräte- und Werkstattwagen sowie Fahrzeuge für Feldwäschereien, den Telegraphendienst und zum Fleischtransport. Aufgrund ihrer niedrigen Drehzahlen und durch den Einbau von Schwerbenzinvergasern liefen die Büssing-Motoren auch mit minderwertigen Treibstoffen zuverlässig. Während der Kriegsjahre verließen bis zu 90 Fahrzeuge die Werkshallen an der Braunschweiger Elmstraße.

Heinrich Büssing richtete seit jeher ein Augenmerk auf die Räder seiner Fahrzeuge, wenngleich die Ergebnisse der ersten Versuche mit „Büssing-Hohlreifen für hohe Raddrücke", entwickelt zusammen mit Continental, keineswegs befriedigend ausfielen. Während der Kriegsjahre war er eifrig um Behelfsreifen bemüht, die überwiegend aus Kork bestanden. Nach

dem Krieg war er es, der, wiederum mit der Firma Continental, die „Riesenluftreifen" in Deutschland zur Serienreife brachte.

Auch das soziale Engagement von Heinrich Büssing sollte nicht unerwähnt bleiben. So ließ er für seine Belegschaft im Harz ein Erholungsheim errichten, das allerdings während der Kriegszeit als Lazarett gebraucht wurde.

Heinrich Büssing erwarb im Bereich der Fahrzeugentwicklung rund 100 Patente und steht so in allererster Reihe der Automobilpioniere ganz allgemein. Seine Schaffenskraft hielt auch noch im hohen Alter an. Dank Büssing eroberte sich die deutsche Nutzfahrzeugindustrie weltweit einen Spitzenplatz. Heinrich Büssing verstarb am 27. Oktober 1929, im betagten Alter von 86 Jahren. Sein Lebenswerk wurde von seinem Sohn Max zunächst erfolgreich fortgesetzt. 1952 arbeiten in den Braunschweiger Werken rund 4.500 Menschen. 1960 wurde das Familienunternehmen in eine Aktiengesellschaft umgewandelt und 1971 durch den MAN-Konzern übernommen. Geblieben ist nur der stolze Braunschweiger Löwe, der „Burglöwe", der einst die Kühler der mächtigen Haubenlaster zierte.

ßerlich wie eine Tonne aussah) wurden luftgetrocknete, etwa faustgroße Holzstücke unter Luftabschluss verschwelt. Das dabei entstehende hochgiftige CO-Gas wurde vom Motor über Filter, Kühler und Gasluftmischer angesaugt und im Motorraum von einer Zündkerze gezündet. Im Prinzip war jeder Diesel- und Ottomotor auf den Holzgas-Generatorbetrieb umzurüsten.

Allerdings war der Umgang mit diesem Gerät, und ganz besonders das Anlassen mit dem Anfachgebläse, eine ebenso langwierige wie schmutzige Tätigkeit. Dazu kam, dass man ständig zum Anhalten gezwungen war, weil Holz nachgelegt und/oder gelockert werden musste. Dazu kam die schwache Motorleistung. Der Kraftstoffverbrauch eines Fünftonners auf 100 Kilometer betrug nach Angabe 100 Kilo Buchenholz beziehungsweise 50 Kilo Anthrazit. Dabei sollte der Motor noch eine Leistung von 80 Prozent erbringen. In Wirklichkeit lag der Leistungsabfall aber wesentlich höher als nur 20 Prozent, in der Regel waren es rund 50 Prozent.

„Tankt Holz!" Ab 1942 gab es in Deutschland zentrale „Holz-Tankstellen" zum Bezug von Brennmaterial für die Holzgeneratoren.

Georges Imbert selbst hielt seine Erfindung für den Antrieb von Straßenfahrzeugen nicht sonderlich geeignet. Auf die Frage eines hohen deutschen Offiziers, warum er an seinem Privatwagen keinen Gaserzeuger installiert habe, soll er entgegnet haben: „Mein lieber General, ich bin einer der wenigen, die es sich leisten können, mit Benzin zu fahren. Dafür fahren Sie mit den Generatoren, die ich Ihnen aufgebunden habe."

Schwerer Neuanfang

Das Wort Mangel stand auch am Anfang des neuen Kapitels, das die Nutzfahrzeug-geschichte nun schrieb. Es mangelte an allem, aber man brauchte dringend Fahrzeuge für den Wiederaufbau. 420.293 Nutzfahrzeugen, die es bei Kriegsbeginn in Deutschland gegeben hatte, stand im Jahre 1946 eine Zahl von 184.000 Lastkraftwagen und 4.700 Omnibussen gegenüber.

Der neue Anfang begann bei Ford in Köln auf der linken Rheinseite bereits, als rechtsrheinisch noch gekämpft wurde. Büssing konnte direkt nach den Kampfhandlungen die Produktion im wahrsten Sinne des Wortes „unter freiem Himmel" wieder aufnehmen. Bei Daimler-Benz blieben die Werke Untertürkheim und Sindelfingen geschlossen, während Mannheim und Gaggenau einen bescheidenen Anfang machen konnten. Die Produktion des Werkes Gaggenau erfolgte aber ausschließlich für die französische Besatzungsmacht und Daimler-Benz hatte bis zum Sommer 1948 keine Verfügungsgewalt über seine eigene Fertigungsstätte.

Die anderen Firmen kämpften mit ganz ähnlichen Problemen – und allen fehlte eines: Geld. Der Start erfolgte sozusagen im „Tauschhandel". Es war „die Kunst der Improvisation mit Materialbezugsscheinen und Bauernschläue", die jene Zeit bis zur Währungsreform im Juni 1948 auszeichnete.

In den eisigen Wintern der Jahre 1945/46 und 1947/48 führten häufige Stromabschaltungen zu Unterbrechungen der ohnehin bescheidenen Produktion. Büssing in Braunschweig musste aus Energiemangel seine Fertigung zwischen Januar und März 1947 komplett einstellen, MAN blieb nichts anderes übrig, als die Arbeitszeit zu reduzieren.

Der Alliierte Kontrollrat hatte in einem „ersten Industrieplan" der deutschen Autoindustrie eine Fertigungskapazität von 40.000 Pkws und 40.000 Lkws jährlich zugestanden. Die Motoren durften die Leistung von 150 PS nicht überschreiten, Dreiachser und Geländefahrzeuge mit Allradantrieb waren verboten. Neuentwicklungen waren anfangs ebenso untersagt wie der Export.

Durch eine Initiative eines ersten industriellen Zusammenschlusses, des „Motor Manufacturers Production Commitee" (später: Verband der Automobilindustrie VDA), konnte man diese Zahlen im positiven Sinne verändern. 1948 wurden die genehmigten Herstellungsraten auf 61.500 Lkws und 19.500 Zugmaschinen heraufgesetzt. Ab Ende 1945 hatten die meisten deutschen Firmen unter den beschriebenen Bedingungen mit zusammengesuchten Teilen und viel Improvisationskunst den Neustart eingeleitet.

Im Mai 1949 gab es auf der Exportmesse in Hannover sogar wieder eine bescheidene Nutzfahrzeugausstellung, bei der immerhin zwanzig Aussteller mit zum Teil sogar neuen Entwicklungen wie dem „Unimog" vertreten waren. Auch international zeigte man sich auf den Automessen von Genf, Brüssel, Paris und Turin. Das Licht am Ende des Tunnels war deutlich sichtbar geworden, das Wirtschaftswunder klopfte bereits zaghaft an die Werkstore.

Die aus der Not geborene Improvisation mit Presspappe-Fahrerhäusern und Holzvergasern gehörte ab 1950 endgültig einer

Produktionsübersicht Nutzfahrzeugbau 1945–1949

	1945	1946	1947	1948	1949
Borgward	117	1.164	679	903	1.778
Büssing	1.032	1.507	908	1.401	1.553
Daimler-Benz	1.037	2.019	2.406	4.698	3.909
FAUN	–	22	35	98	324
Ford	2.443	4.649	2.600	5.405	3.823
Hanomag	–	–	–	–	164
Kaelble	–	28	19	35	104
Magirus	–	335	465	915	2.488
MAN	9	311	617	725	857
Opel	–	839	3.219	7.063	11.574
Südwerke (Krupp)	–	175	481	443	467
GESAMT	4.638	11.049	11.429	21.686	27.041

schlimmen, rohstoff- und kraftstoffarmen Vergangenheit an. Nach der Währungsreform 1948 zeigte sich bereits der erste hoffnungsvolle Silberstreif am Horizont, mit dem Beginn der Fünfzigerjahre brachte dann das einsetzende Wirtschaftswunder die endgültige langersehnte Wende herbei. Eine immer stärker werdende Nachfrage füllte zusehends die Auftragsbücher der Herstellerfirmen und lastete deren Fertigungskapazitäten für Jahre vollkommen aus.

Stunde null 1945: So wie diese Opel „Blitz" endeten die meisten deutschen Lastwagen im Zweiten Weltkrieg.

Kennzeichen der 50er: Eckhauber, Rundhauber und ein Tausendfüßler

Stunde eins: Es geht wieder aufwärts. Der Magirus-Eckhauber vor den Ruinen der Ulmer Altstadt symbolisiert den Wiederaufbau.

Mit Chrom und Schnauze:
Die Lastwagen der Wirtschaftswunderjahre
Die Fünfzigerjahre sind vielleicht das Jahrzehnt, das die schönsten Lastwagen hervorgebracht hat. Natürlich ist das alles eine Frage des persönlichen Geschmacks, aber unbestritten ist die Faszination, die von diesen Fahrzeugen ausgeht. Ab 1950 begann sich in Form von „Alligatorhaube", „Breitmaulgrill" und viel Chrom der amerikanische Geschmack durchzusetzen. In England, Frankreich und Italien hatte sich dieser Trend schon in den Dreißigerjahren durchgesetzt. Nun zogen alle deutschen Hersteller nach.

Welcher Lkw war nun der „Star der Fünfziger"? War es die Langnase Daimler-Benz 6600, war es der mächtige Büssing 8000 mit der Chrom-Schnauze, der Krupp „Titan" oder der MAN F8, dem ja in dem Film „Nachts auf den Straßen" 1951 bereits ein Denkmal ge-

setzt wurde? Oder gab es auch noch heimliche Favoriten wie den zweimotorigen Henschel „Bimot"? Beim Betrachter spielt für die persönliche Wahl sicherlich das Aussehen die Hauptrolle, der Fachmann wählt nach Leistungsdaten und Wirtschaftlichkeit.

Nach der Währungsreform 1948 und mit der Gründung der Bundesrepublik Deutschland am 23. Mai 1949 entfiel ein Großteil der auferlegten Beschränkungen und machte den Weg frei für eine intensive Entwicklungsphase. Büssing, Daimler-Benz, Magirus, MAN und Henschel boten eine Produktpalette an, die drei Leistungsklassen abdeckte, während sich Borgward, Ford, Opel, Kaelble, FAUN und Krupp/Südwerke spezialisierten.

Der Dieselmotor wurde bei fast allen Herstellern favorisiert, weil er wirtschaftlich gesehen die meisten Vorteile bot. Allerdings verzichtete man bei Opel ganz auf den Selbstzünder und auch bei Borgward und Ford verschwand der Vergasermotor nicht ganz aus dem Angebot.

Unterschiedlich waren jedoch die Verbrennungsverfahren, die zur Anwendung kamen. Das Vorkammerverfahren wählten Büssing, Daimler-Benz, Deutz (mit Wasserkühlung), Hanomag, Kaelble. Borgward, Ford und Deutz (luftgekühlt) arbeiteten nach dem Wirbelkammerverfahren. Das Luftspeicherverfahren mit abschaltbarem Hauptspeicher (Lanova) kam bei Henschel zum Einsatz, während Krupp und MAN auf die direkte Strahleinspritzung setzten.

Büssing entwickelte mit dem Unterflurmotor eine bauliche Sonderform, die später von MAN übernommen und weitergeführt wurde. Fast alle Firmen verwendeten Viertaktmotoren. Krupp/Südwerke bildete mit seinen leistungsstarken Zweitaktern nach Junkers-Patent eine Ausnahme. Klöckner-Humboldt-Deutz (Magirus) setzte die im Krieg gewonnenen Erfahrungen im Bereich der Luftkühlung für die weitere Entwicklung auf diesem

Ein mächtiger Rundhauber war der Magirus S 6500 in der Fernverkehrsausführung. Seine Motorleistung betrug 175 PS.

Gebiet ein und wurde damit zum Marktführer weltweit.

Bei Flugmotoren hatte man im 2. Weltkrieg bereits Erfahrungen mit Abgasturboladern machen können. MAN setzte dieses Verfahren 1954 beim Lkw-Typ 750 TL erstmals ein. Der aufgeladene Motor (Typ D1246M2T1) konnte, unter gleichzeitiger Absenkung des Treibstoffverbrauches, um 20 bis 30 Prozent in der Leistung gesteigert werden. Daimler-Benz folgte mit dem OM 312A, der in den 3,5-Tonnen-Feuerwehrfahr-

zeugen verwendet wurde. Henschel stellte 1956 einen Motor mit Turbolader vor, Kaelble steigerte 1957 einen Muldenkipper-Motor von 240 auf 300 Pferdestärken. Allerdings verebbte die Entwicklung danach wieder, weil die Standfestigkeit der Motoren noch nicht ausreichend war. Erst in den Sechzigerjahren nahm man die Entwicklung wieder auf. Hanomag und Krupp wählten bei ihren mechanischen Motoraufladungen das Roots-Gebläse, das sich als recht problemlos erwies.

Autotransport in den Fünfzigern. Die Mercedes-Pkws werden in einen Spezialtransporter von Kässbohrer verladen.

Ein typischer Fernverkehrs-zug der 50er-Jahre ist dieser Büssing 7500 mit doppelt bereiftem Anhänger.

Starke Motoren – Neue Vorschriften

Nachdem es, entgegen anfänglicher Erwartungen, nicht bei einer vorgeschriebenen Leistungsbeschränkung auf 150 PS geblieben war, wurden immer stärkere Triebwerke für die neuen Boliden entwickelt. Hervorzuheben sind die schweren Zugmaschinen von Kaelble (Achtzylinder, 200 PS) und FAUN, die sich besonders für den Betrieb mit zwei Anhängern eigneten. Dieser war bis Anfang der Fünfzigerjahre erlaubt gewesen. Allerdings erwiesen sich die schwachen Motorleistungen als nicht ausreichend für die 40-Tonnenzüge. Hohe Leistung hätte hier Abhilfe geschaffen.

Nun waren die Motoren zwar da, doch der Gesetzesgeber griff erstmals gravierend in das Verkehrswesen ein. 1952 wurde das „Gesetz zur Sicherung des Straßenverkehrs" verabschiedet, das unter anderem ab dem 1. April 1953 den Einsatz von zwei Anhängern hinter einem Lastkraftwagen verbot. Zugmaschinen und Traktoren blieb das weiterhin erlaubt.

Die neue Straßenverkehrszulassungsordnung (StVZO) vom 1. September 1953 legte

Lkw-Bestand 1956 in der Bundesrepublik Deutschland:

0–1 t	243.000
1–3 t	160.000
3–5 t	122.000
Über 5 t	51.000
Fahrzeuge insgesamt	576.000

Dazu kamen noch 35.000 Sonder-Kfz, 2.100 Sattelzugmaschinen und 1.300 Tankwagen.

Die Entwicklung der Nutzfahrzeug-produktion in der Bundesrepublik Deutschland bis zum Jahre 1960 am Beispiel der Fertigung von Daimler-Benz

1949	7.209	1955	29.228
1950	8.446	1956	38.375
1951	13.226	1957	44.798
1952	19.818	1958	57.482
1953	16.685	1959	57.522
1954	19.094	1960	64.478

eine Mindestgeschwindigkeit von 40 Stundenkilometern für die Bundesautobahnen fest. Dadurch waren die Hersteller jetzt in akutem Zugzwang, um die Motorleistungen zu erhöhen.

1958 erfolgte dann ein besonders drastischer Eingriff mit der Verabschiedung eines Gesetzes (= Originalton der Fachzeitschrift „VerkehrsRundschau"), „das geeignet war, den deutschen Straßengüterverkehr in die transporttechnische Steinzeit zurückzubefördern und die Nutzfahrzeugindustrie wettbewerbsunfähig werden zu lassen".

Die „Seebohm-Gesetze"

Am 1. Januar 1958 traten ausgesprochen umstrittene Gesetzesänderungen in Kraft, die sich gleichermaßen auf das Transportgewerbe und die technische Entwicklung auswirkten.

Der damalige Verkehrsminister Dr.-Ing. Hans-Christoph Seebohm erließ neue Gewichtsvorschriften und beschränkte die Fahrzeuglänge von Lastzügen. Offiziell geschah dies, um die Straßenbeläge zu schonen, die durch das immer höher werdende Verkehrsaufkommen der Wirtschaftswunderjahre stark in Mitleidenschaft gezogen wurden. In Wahrheit steckte aber die mangelnde Auslastung der Deutschen Bundesbahn dahinter. Beides sind heute immer noch sehr aktuelle Themen.

Die sogenannten „Seebohmschen Gesetze" trafen das Gütergewerbe hart. So wurde die maximale Achslast für die Einzelachse von zehn Tonnen auf acht Tonnen heruntergesetzt. Bei der Doppelachse waren nur noch zwölf Tonnen erlaubt, vorher 16 Tonnen. Das Fahrzeug-Gesamtgewicht für Zweiachser senkte man von 16 auf zwölf Tonnen, und während Dreiachser zuvor ein Gesamtgewicht von 24 Tonnen haben durften, waren es nun nur noch 18 Tonnen. Das maximale Lastzuggewicht legte man auf 24 Tonnen fest. Vorher waren es 40 Tonnen.

Auch die Gesamtlänge von Lastzügen wurde drastisch verändert. Statt 20 waren jetzt nur noch 14 Meter erlaubt. Ein Genfer Abkommen aus dem Jahre 1949, dem die neue Bundesrepublik nicht beigetreten war, sah dagegen 32 Tonnen und 18 Meter vor.

Hinsichtlich der Motorleistung waren ab Januar 1958 mindestens sechs PS pro Tonne Gesamtgewicht gefordert. Eine Ausnahmefrist gestattete bis zum 30. Juni 1960 die Weiterverwendung von Einzelfahrzeugen bis 16 Tonnen sowie Lastzügen von 40 Tonnen, sofern die jeweilige Zulassung vor dem 1. Januar 1958 erfolgt war.

Die neuen Gesetze brachten einerseits die Fuhrunternehmer in Rage, stand hier doch ihre Wettbewerbsfähigkeit auf dem Spiel, forderten aber andererseits die Konstrukteure heraus. Auf den Reißbrettern der Lkw-Hersteller entstand so mancher interessante Entwurf, wie der Mercedes-Benz LP 333 „Tausendfüßler", der zwei gelenkte Vorderachsen besaß.

Prosper L'Orange
Prosper L'Orange war ein deutscher Ingenieur und Erfinder, der am 1. Februar 1876 in Beirut geboren wurde. Sein Name ist verbunden mit einer Reihe technischer Entwicklungen im Bereich der Kraftstoffeinspritzung. Er entwickelte durch das „Vorkammerprinzip" den ersten kompressorlosen Dieselmotor. Am 14. März 1909 wurde ihm dafür das Patent DRP 230 517 erteilt. Die Vorkammer machte es erst möglich, den Dieselmotor nicht nur als stationäre Kraftquelle zu nutzen, sondern ihn mobil einzusetzen. Dadurch konnte man Kraftfahrzeuge auch mit einem Dieselmotor ausrüsten. Prosper L'Orange, der auch als Firmengründer und Herausgeber einer technischen Zeitschrift in Deutschland tätig war, verstarb am 30. Juli 1939 in Stuttgart. Kurz vor seinem Tode hatte man ihm noch den Ehrendoktor der Technischen Hochschule Karlsruhe verliehen.

Die Proteststürme verhallten natürlich auch in der Regierungshauptstadt Bonn nicht ungehört. Bundeskanzler Konrad Adenauer soll in der für ihn typischen rheinischen Mundart zu seinem Verkehrsminister bemerkt haben: „Dann seh'n se mal zu, wie Sie mit Ihren Fuhrleuten klarkommen."

Kurz vor dem Ende der Übergangsfrist wurde das ursprüngliche Gesetz zumindest etwas abgemildert, angeblich auch aus Rücksicht auf die entsprechenden europäischen Richtlinien. Zum Stichtag 1. Juli 1960 durfte ein Sattelzug maximal 16,5 Meter lang sein, bei einer Nutzlast von 32 Tonnen. Die Antriebsachsen waren auf zehn, die Doppelachsen auf 16 Tonnen ausgelegt.

Dazu trat eine Bestimmung in Kraft, die pro Tonne Gesamtgewicht eine Motorleistung von sechs PS vorschrieb. Die Mindestmotorstärke lag beim 24-Tonnen-Lastzug also bei 144 PS, bei 32 Tonnen waren es 192 PS. Das Problem der Industrie, die endlich die schwierige Nachkriegsphase überwunden hatte, war einerseits die Umsetzung der jetzt bindenden Richtlinien und Schaffung neuer „Seebohm-Typen" für den deutschen Binnenmarkt, gleichzeitig sollten sie anders konstruierte Fahrzeugtypen für den Export in der Angebotspalette haben. In der Übergangszeit waren Absatzrückgänge von bis zu 50 Prozent zu beklagen.

Fieberhaft wurde in den Konstruktionsabteilungen der Herstellerwerke gearbeitet, um schnell die geeigneten Fahrzeuge anbieten zu können. Verstärkt kamen zur Gewichtsreduzierung nun Leichtmetalle zum Einbau. Das Verhältnis von Eigenmasse zu Nutzlast wurde weitgehend dem Idealfaktor 1:1,5 angenähert. Leistungsfähigere Motoren kamen zum Einsatz und man entdeckte den hierzulande arg vernachlässigten Sattelschlepper mehr und mehr für den Gütertransport. Gleiches galt für die Frontlenkerfahrzeuge, deren aufwendigere Technik aber zunächst noch manches Kopfzerbrechen bereitete. Außerdem standen viele „Kapitäne der Landstraße" diesen „Typen ohne Schnauze" sehr skeptisch gegenüber. Viele sahen sich in der

Er hat sein Entstehen den „Seebohmschen Gesetzen" zu verdanken: Mercedes-Benz LP 333 „Tausendfüßler".

Conrad Dietrich Magirus

Der spätere Kommandant der Ulmer Feuerwehr und findige Tüftler in Sachen Feuerwehrgerät Conrad Dietrich Magirus kam am 26. September 1824 zur Welt und machte zunächst eine Lehre als Tuchmacher, der sich eine vierjährige kaufmännische Ausbildung in Neapel anschloss. 1850 zwar in das elterliche Geschäft eingestiegen, überließ er seiner Frau Pauline Egelhaaf, die er 1851 geheiratet hatte, die kaufmännische Führung und widmete sich zunehmend seinem Lieblingsthema, dem Brandschutz. 1864 gründete er eine eigene Firma zur Herstellung von Feuerwehrgerät-

schaften. 1872 erregte seine sogenannte „Ulmer Leiter" große Aufmerksamkeit. Dabei handelte es sich um eine Zweirad-Schiebeleiter mit einer Steighöhe von 14 Meter, die im Freistand bestiegen werden konnte und im eingezogenen Zustand durch das Fahrgestell schnell zum Einsatzort gelangte.

1885 erwarb Magirus in der Ulmer Schillerstraße ein Fabrikgelände von 4.095 Quadratmeter, auf dem die ersten Werkstätten entstanden, die es auch heute dort noch gibt. 1890 wurde weiteres Gelände zugekauft. Die Werksanlagen umfassten danach: Schmiede, Schlosserei, Dreherei, Gie-

ßerei, Wagnerei, Klempnerei, Sattlerei und Lackieranstalt. 1892 erschien die erste Magirus-Drehleiter, eine vierteilige Pferdezugleiter (27 Meter), mit einem in der Fahrzeugmitte angeordneten Drehturm. 1893 folgte eine erste, von Pferden gezogene Motorspritze mit einem sechs PS starken Petroleummotor.

Am 26. Juni 1895 starb Conrad Dietrich Magirus im 71. Lebensjahr. In den zwanzig Jahren bis zu seinem Tod waren 600 Zwei- und Vierradleitern gebaut worden. Sein Lebenswerk wurde fortgeführt und lebt bis heute, verbunden mit seinem Namen, weiter.

Kabine, die nicht mehr durch eine lange Haube „gesichert" war, einer erhöhten Unfallgefahr ausgesetzt. Wenngleich zeitverzögert, so war der Siegeszug dieser neuen Generation von Lastkraftwagen nicht mehr aufzuhalten.

Magirus brachte die Modelle „Mercur F" und „Saturn F" heraus und stellte mit dem „Saturn 195 FS 6x4" den ersten Frontlenkersattelzug vor, der ein Dreiachsfahrgestell besaß. Henschel präsentierte den HS 22, Krupp den Typ 301 und bei MAN war es der „10210".

Etwas Besonderes war aber in erster Linie der bereits äußerlich auffällige Mercedes-Benz LP 333, ein Dreiachser mit zwei gelenkten Vorderachsen, der bei seiner Präsentation im Jahre 1958 besondere Beachtung fand. Entwickelt wurde der „Tausendfüßler" aus den Modellen LP 326 und LP 329. Mit seinem Eigengewicht von 6,9 Tonnen lag er als Dreiachser noch unterhalb der 16-Tonnen-Ausnahmeregelung und durfte dazu noch einen 16-Tonnen-Anhänger älterer Zulassung ziehen. Ein zielgerechtes Angebot für Unternehmer, die entsprechend vorhandene Anhänger sinnvoll einsetzen wollten.

Der LP 333 besaß dank der zwei gelenkten Vorderachsen eine ausgezeichnete Kurvenstabilität, die sich ganz besonders bei Nässe und Glätte bemerkbar machte. Hydraulische Vorderradbremsen gewährleisteten ein spurtreues Verzögern. Durch eine ebenfalls hydraulische Lenkung wurde dem Fahrer die Arbeit wesentlich erleichtert. Ein kleiner Wendekreis zeichnete den LP 333 ebenso aus wie das vollsynchronisierte 6-Ganggetriebe mit Druckluftschaltung. Auch die Motorbremse wurde mit Druckluft gesteuert. Der 200-PS-Motor (10.800 Kubikzentimeter Hubraum) verlieh dem Fahrzeug eine Höchstgeschwindigkeit von 90 Stundenkilometern. Geliefert werden konnte er mit langem und kurzem Fahrerhaus (auch mit Schwalbennest). Die Exportversionen hatten eine Zehntonnenhinterachse für 11,2 Tonnen Nutzlast.

Sehr beliebt war der „Tausendfüßler" auch als Sattelschlepper. Bei der Version LPS 333 wurde die zweite Achse vor die Hinterachse der Zugmaschine zurückversetzt, um beim Beschleunigen das Durchdrehen der Räder zu verhindern. Die Scheinwerfer verlegte man in die Stoßstangen.

Mercedes-Benz LS 334 mit Spezial-Doppelrahmen und großem Fahrerhaus mit zwei Schlafplätzen

Kennzeichen der 6oer: Kurzhauber, Frontlenker und Pausbacken

Neben den Frontlenkern tauchten nun auch verstärkt „Kurzhauber" auf, die sich besonders im Verteilerverkehr und im Baustelleneinsatz durchzusetzen begannen. Ihre Merkmale: Wendigkeit, gute Zugänglichkeit bei der Wartung und passive Sicherheit durch den Haubenvorbau.

Rückblickend werden die „Seebohmschen Gesetze" in der Neufassung von 1960 nicht mehr so negativ betrachtet, sondern mancher Experte sieht in ihnen sogar einen Katalysator für die Deutsche Nutzfahrzeugindustrie allgemein und speziell auf technischem Gebiet für die von ihr entwickelten Fahrzeuge. Die Hersteller nahmen erfolgreich die plötzliche Herausforderung an und meisterten sie.

Ab 1. Mai 1965 erlaubte die zweite Novellierung der StVZO den Einsatz von Lastzügen mit bis zu 38 Tonnen, bei gleichzeitiger Anhebung der Maximallänge auf bis zu 18

Meter. Die mittlerweile erreichten Motorleistungen von über 200 Pferdestärken waren für diese Gesetzesänderung ausschlaggebend gewesen.

1967 übernahm Georg Leber das Amt des Verkehrsministers. Unter seiner Regie gab es erneut Änderungen in den Bestimmungen. Der sogenannte „Leber-Plan" sah für den Stichtag 1. Januar 1972 die „8-PS/Tonnen-Formel" vor, die umgerechnet eine Motorleistung von 304 PS für einen 38-Tonnenzug forderte. Für den 32-Tonnenzug errechnete sich eine Mindestleistung von 256 PS. Die Hersteller reagierten auch hier umgehend und schufen Triebwerke von rund 320 PS. Auch die Entwicklung der Turbolader nahm jetzt endgültige Formen an. Wurden sie von Daimler-Benz und MAN schon Anfang der Sechzigerjahre eingebaut, so folgten nun die Firmen Henschel (1968), Büssing (1969) und Magirus (1970) jetzt nach.

Weitere Leistungsverbesserungen im Drehmomentbereich wurden durch einen zweiten Turbolader bei Daimler-Benz erreicht, während MAN ähnliche Resultate mit der Schwingrohraufladung erzielte. Günstigere Verbrauchs- und bessere Abgaswerte wurden durch das Direkteinspritzverfahren erzielt, das seit Anfang der Sechzigerjahre von allen Herstellern eingeführt worden war. In den Achtzigerjahren wurden die Turbolader mit einer zusätzlichen Ladeluftkühlung versehen, durch die das Füllungsvolumen der Zylinder nochmals erhöht wurde. Die gleichzeitige Drehzahlsenkung der Motoren war eine Maßnahme zur Erhöhung der Lebensdauer und zur Senkung des Kraftstoffverbrauches.

Strukturelle Veränderungen in der Nutzfahrzeugindustrie

Mit dem spektakulären Ende der traditionsreichen Bremer Borgward-Werke und dem Ende des Lkw-Baus bei Ford in Köln setzte bereits 1961 der Umstrukturierungsprozess in der Nutzfahrzeugbranche ein, der sich ab der zweiten Hälfte der Sechzigerjahre drastisch verstärkte.

Die Gründe in den betroffenen Unternehmen waren in einem Mix aus Sättigung des Marktes, Konkurrenzdruck, zu großen Kapazitäten, Kapitalmangel und verfehlter Typenpolitik bei Fahrzeugen und nicht zuletzt bei Motoren zu suchen.

1965 übernahm die Rheinstahl-Hanomag AG das Tempo-Werk (Hans Vidal & Sohn) in Hamburg. Drei Jahre später fusionierten die beiden Rheinstahl-Firmen Hanomag AG und Henschel GmbH zur Hanomag-Henschel GmbH. Bereits ein Jahr später, 1969, übernahm Daimler-Benz 51 Prozent der Anteile und wiederum nur ein Jahr danach wurden schließlich die restlichen 49 Prozent übernommen.

Die Kraftwagenabteilung der Krupp-Werke (Krawa) in Essen gab 1968 an, dass ihre auf Schwerlastwagen ausgerichtete Produktionspalette nicht mehr konkurrenzfähig sei, da die Fertigungszahlen zu gering sind. Man gäbe daher die Produktion an Daimler-Benz ab.

Ein typischer Vertreter der „Kurzhauber-Fraktion" ist der Mercedes-Benz LAK 322.

Dieses Foto zeigt den „322" als Lieferfahrzeug für Heizöl.

MAN sah sich im Ausland nach Partnern um und fasste mit dem französischen Hersteller Saviem eine gemeinsame Entwicklung und Fertigung von Frontlenker-Lkws in den Klassen siebeneinhalb Tonnen bis zwölfeinhalb Tonnen Gesamtgewicht ins Auge. Die 1966 begonnene Kooperation hatte jedoch nur einige Jahre Bestand. Ähnlich kurz verlief die Zusammenarbeit von Henschel und Saviem in den Jahren 1961–1963. Danach arbeitete Henschel mit der englischen Firma Commer zusammen, um einerseits leichte und mittlere Fahrzeuge anbieten zu können, andererseits aber auch, um Zugang zum damaligen EFTA-Markt zu bekommen. Die heutige EU umfasste damals nur die Länder Deutschland, Frankreich, Italien, Holland, Belgien und Luxemburg.

Um kostengünstig auf anderen Märkten zu agieren, waren solche Kooperationen teilweise unumgänglich. Büssing ging ab 1964 eine verstärkte Zusammenarbeit mit der italienischen Fiat-Tochter OM (Officine Meccani-

ce) in Brescia ein. Die Marken für Schwerfahrzeuge, FAUN und Kaelble, konzentrierten sich nun ausschließlich auf Zugmaschinen und Spezialfahrzeuge.

Einer der ganz großen Pioniere auf dem Nutzfahrzeugsektor, die Heinrich Büssing-Werke in Braunschweig, gingen 1971 in der MAN auf. Opel stellte 1975 die Produktion des ehemals so erfolgreichen „Blitz" ein und im gleichen Jahr klopfte in Ulm, bei Magirus-Deutz, Fiat an die Werkstore. Erster Schritt war die Gründung einer gemeinsamen Gesellschaft. Die „IVECO-Holding" bekam ihren Sitz in Amsterdam und war eine Gesellschaft nach holländischem Recht. Fiat hatte dabei einen Anteil von 80 Prozent, während der Magirus-Mutterkonzern KHD (Klöckner-Humboldt-Deutz) über 20 Prozent verfügte. Magirus bekam innerhalb des Konzerns IVECO (Industrial Vehicles Corporation) folgende Sondervereinbarungen zugesprochen: Weiterverwendung luftgekühlter Motoren, Aufrechterhaltung des

Magirus-Vertriebsnetzes und die Namens-beibehaltung „Magirus" als Zusatzbezeich-nung. Magirus besaß bei der Produktion von Feuerwehrfahrzeugen damals einen Marktanteil von 38 Prozent im europäi-schen Raum. Diese Monopolstellung sollte erhalten bleiben.

1974–76 sorgte ein Großauftrag aus der Sowjetunion für die totale Auslastung der Produktionskapazitäten: 10.000 Hauben-fahrzeuge, darunter 6.500 Muldenkipper, wurden für den Ausbau der Baikal-Amur-Magistrale in Ulm bestellt. Doch Anfang der Achtzigerjahre geriet man tief in die roten Zahlen. Hohe Verluste durch Termin-verzug bei neuen Baureihen und Investitio-nen über dem Grundkapital waren dafür die Ursachen.

Daraus resultierend wurde ein radikales Kostensenkungsprogramm eingeleitet, das im hohen Umfang Entlassungen einschloss. Zum Ende des Jahres 1982 gab Klöckner-Humboldt-Deutz seine 20-prozentige IVECO-Beteiligung an die italienische Fiat AG ab, die nun Alleinaktionär der IVECO war und somit Herr des Magirus-Werkes wurde. Ab 1983 liefen Lastwagen und Feuerwehrfahr-

zeuge unter dem Namen „IVECO Magirus" vom Band.

In den unteren Nutzfahrzeugklassen war zeitweise die bayerische Traktorenfabrik Ei-cher eingestiegen, die von 1963 bis 1967 einen Leicht-Lastwagen sowie den Nachbau des verkürzten Tempo Matador-Lieferwagens als landwirtschaftliche und industrielle Zug-maschine anbot. Auch Volkswagen stieg ab 1976 mit der L-Klasse in die Nutzfahr-zeugherstellung oberhalb des VW Transpor-ters ein, wobei zeitweise mit MAN kooperiert wurde.

Anders als in den gezeigten Beispielen verlief die Entwicklung bei Daimler-Benz. Hier hatte man sich frühzeitig auf zwei unterschiedliche Marktkonzepte festgelegt. In der Pkw-Fertigung wurde die Angebotspa-lette auf die obere Mittelklasse ausgerich-tet, während man im Lastkraftwagen-Be-reich die Stellung eines Generalisten im Transportbereich anstrebte. Dazu waren jedoch größere Fertigungskapazitäten erfor-derlich. Die beiden Werke in Mannheim und Gaggenau reichten zur Umsetzung der weit-reichenden Unternehmenspläne nicht aus. Nach eingehender Prüfung wurde im süd-

Büssing Commodore 16-210 Sattelzugmaschine von 1966

Wilhelm Maybach
Der spätere Auto-konstrukteur und Unternehmer August Wilhelm Maybach wurde am 9. Februar 1846 in Heilbronn geboren. Aufgrund des frühen Todes seiner Eltern verlebte er 13 Jahre im sogenannten Bruderhaus in Reutlingen, in dem Waisenkinder aus armen Familien aufgezogen und auch ausgebildet wurden. Maybach erhielt eine Ausbildung zum technischen Zeichner und hatte das unwahrscheinliche Glück, hier auf Gottlieb Daimler zu treffen, der ihn als Assistenten übernahm. Zusammen arbeiteten beide an der Entwicklung des Verbrennungsmotors und Maybach wurde technischer Direktor der Daimler-Motoren-Gesellschaft.

Auf Anregung des österreichischen Kaufmanns und Generalkonsuls Emil Jellinek begann er um 1900 mit der Konstruktion eines schnellen Sport- und Rennwagens, der einen 35-PS-Motor mit zwei Vergasern besaß. Mit Maybachs Erfindungen, dem Bienenwabenkühler und dem Zahnradgetriebe stellte der Wagen bereits technisch Weichen für die Zukunft. Jellinek taufte das Auto nach seiner Tochter auf den Namen „Mercedes". Unter dem Namen „Mercedes-Simplex" schrieb der Wagen dann Automobilgeschichte. Wilhelm Maybach beschäftigte sich dann zunehmend mit der Motorenentwicklung und schuf 1904 den ersten Sechszylinder-Mercedesmotor mit 70 Pferdestärken und zwei Jahre später konstruierte er einen Rennmotor mit 120 Pferdestärken, der hängende Ventile, eine oben liegende Nockenwelle und Doppelzündung besaß. 1909 machte er sich zusammen mit seinem Sohn Karl (geboren 1879) selbstständig und gründete die Firma Maybach-Motorenbau GmbH. 1916, während des Ersten Weltkriegs, verlieh man ihm seitens der Technischen Hochschule Stuttgart die Ehrendoktorwürde. August Wilhelm Maybach verstarb am 29. Dezember 1929 in Stuttgart Cannstatt und wurde in unmittelbarer Nähe von Gottlieb Daimler zur letzten Ruhe gebettet.

pfälzischen Wörth, fast in der Mitte zwischen Mannheim und Gaggenau gelegen, ein großes Gelände zum Bau eines Produktionszentrums für Lastwagen erworben. Die Anlagen in Mannheim und Gaggenau sollten als Zulieferer für Motoren und Achsen erhalten bleiben.

Ende 1963 begann man in Wörth mit der Herstellung von Fahrerhäusern. Das historische Datum für den neuen Produktionsstandort war aber der 14. Juli 1965, als hier der erste Lastkraftwagen vom Fliessband rollte. Es war ein LP 608, mit dem Daimler-Benz gleichzeitig ein neues Marktsegment öffnete, den leichten, wendigen Frontlenker-Lastwagen mit hoher Nutzlast. Diese Typenreihe wurde in den Folgejahren konsequent und erfolgreich weiter ausgebaut. Die mittleren Frontlenkertypen erhielten das gleiche neue Fahrerhaus, mit der Unterbodenanordnung des Motors wie die schweren Typen. Im September 1967 erfolgte die Erweiterung der leichten LP-Reihe um eine verstärkte Version, den LP 808.

Die Kurzhaubertypen aus dem Hause Daimler-Benz erhielten ebenfalls 1967 ein verändertes Fahrerhaus, das sich durch eine höhere Frontscheibe mit drei Scheibenwischern und einer Dachluke zur besseren Durchlüftung von der Vorgängervariante unterschied. Die Lastwagenfahrer werden aber am meisten die größere Kopffreiheit geschätzt haben, denn die neue Fahrerkabine war nun höher gestaltet worden. Nochmalige Modifikationen am beliebten Kurzhaubermodell, das für den Export noch bis 1996 gebaut wurde, erfolgten schlussendlich im Jahr 1980.

Danach war auch die Zeit der Kurzhauber abgelaufen. Die Zukunft gehörte nun nur noch den Frontlenkerfahrzeugen. Gefragt waren nun und sind noch heute kompakte Nutzfahrzeuge mit möglichst großer Nutzlast. Das moderne Frontlenkerfahrerhaus bietet dazu mittlerweile eine gute passive Sicherheit und ermöglicht dem Fahrzeugführer eine gute Übersicht über das Verkehrsgeschehen.

Veränderungen bis heute

Sicherheit und Umweltschutz

Treibstoff- und Abgasreduzierung spielten ab den Siebzigerjahren eine zunehmend wichtigere Rolle bei der Konstruktion der neuen Motoren. Dazu kamen neue Schaltsysteme, die den Fahrern die Arbeit erleichtern sollten. Das elektropneumatische Schaltsystem (EPS) von Daimler-Benz ist hierfür ein Paradebeispiel. Für das Schalten der Gänge muss der Ganghebel nur nach vorne zum Hochschalten oder nach hinten zum Zurückschalten betätigt werden. Das Schalten mit EPS fördert gleichzeitig die Schadstoffreduzierung durch die jeweils richtig angepasste Drehmomenterhöhung oder -reduzierung.

Als Beispiel für die neuen Sicherheitstechniken präsentierte Daimler-Benz im Herbst 1986 das Sicherheitstankfahrzeug TOPAS (Tankfahrzeug mit optimierten passiven und aktiven Sicherheitseinrichtungen). Dabei handelte es sich um ein vom Bundesforschungsministerium gefördertes Projekt, das zusammen mit den beiden Firmen Haller und Raab Karcher umgesetzt wurde.

Die Fachzeitschrift „Lastauto Omnibus" führte zum Ende der Neunzigerjahre einen interessanten Vergleichstest durch: Ein Mercedes-Benz 1632 (38 Tonnen, 320 PS) aus dem Jahr 1974 maß sich mit einem 1853LS aus der letzten Mercedes-Benz-Bauserie (40 Tonnen, 530 PS) auf einem rund 800 Kilometer langen Testkurs, der durch verschiedene Landschaftsformen führte.

Der 1632 kam auf die Durchschnittswerte 41,8 Liter Kraftstoff und 58,9 Stundenkilometer, während der 1853 (mit zwei Tonnen höherem Gesamtgewicht) nur einen Verbrauch von 33,4 Litern Diesel nachwies und dabei sogar eine Durchschnittsgeschwindigkeit von 73,5 Stundenkilometern erreichte. Zu den besseren Werten gesellte sich dabei noch eine deutlich verringerte Schadstoffbelastung für die Umwelt beim 1853.

Ein klassischer Verteiler-Lkw ist dieser MAN der mittleren Klasse.

(Wieder) neue Gesetze und immer mehr technische Möglichkeiten

In den Achtzigerjahren gab es recht kurz hintereinander neue Bestimmungen für die Gewichtsklassen. Ende 1984 wurde das Gesamtgewicht für Solofahrzeuge auf 30 Tonnen erhöht, mit der Folge, dass ab diesem Zeitpunkt auch die sonst nur für den Export gebauten Vierachser auf dem deutschen Markt angeboten werden konnten.

Schon zum Jahresbeginn 1987 änderte sich wieder etwas. Ein Solo-Lastwagen mit zwei Achsen war nunmehr für 17 Tonnen zugelassen, vorher waren es 16 Tonnen. Beim Dreiachser waren es 24 statt 22 Tonnen und beim Vierachser wurden ebenfalls noch mal zwei Tonnen (auf 32 Tonnen) draufgelegt. Das Gesamtgewicht eines Zuges durfte nun 40 Tonnen (statt 38 Tonnen) betragen. Ab 1988 mussten neu zugelassene Lkws mit einem Tempobegrenzer (auf 90 Stundenkilometer) ausgestattet sein.

In den Achtzigerjahren wurde ein Wandel in der Lkw-Konfiguration immer spürbarer. Die klassische Zusammenstellung im Fernverkehr, bestehend aus zweiachsigem Zug-

Die Verplanung dieses mittleren MAN lässt sich schnell komplett öffnen und erleichtert dadurch das Be- und Entladen.

fahrzeug mit dreiachsigem Anhänger, wurde durch Sattelzüge mehr und mehr verdrängt. Heute ist die zweiachsige Sattelzugmaschine mit dreiachsigem Auflieger typisch, wenngleich die Hängerzüge nicht gänzlich verdrängt wurden. In den Neunzigerjahren kamen dann noch die verschärften Abgasbestimmungen nach Euro I und II sowie drastisch reduzierte Lärmwerte hinzu, was bei Daimler-Benz den endgültigen Abschied vom Saugmotor nach sich zog. Die gesetzlich vorgeschriebenen Emissionswerte waren nur noch mit Intercooler-Motoren zu erreichen. Am 29. September 1995 wurde durch die EU-Verkehrsminister die zulässige Gesamtlänge von 18,35 auf 18,75 Meter heraufgesetzt. Der lichte Abstand zwischen den Aufbauten, als Deichsellänge, betrug nun 0,75 Meter. Die Fahrerhaustiefe blieb bei 2,35 Meter. Gesetzliche Verordnungen mit Auswirkungen auf die technische Entwicklung und das Verkehrswesen generell wird es auch weiterhin geben.

Die Neunzigerjahre ließen Bord-Computer und Satellitenüberwachung (GPS) in die bis dahin noch recht heile Welt der Fernfahrer-

Einzelgänger einziehen. Das Mobiltelefon ermöglichte nun plötzlich einen unmittelbaren Direktkontakt. Verließ man früher den Betriebshof oder die Ladestelle, um sich dann vom Zielort oder von einer Raststätte mit seinem Disponenten in Verbindung zu setzen, so ist man heute rund um die Uhr zu erreichen. Die oft wehmütig zitierte „Fernfahrerromantik", die mit Unabhängigkeit zu tun hatte, ist längst Vergangenheit. Die Technik regiert den Menschen hinter dem Steuer. Die Technik hat aber auch vieles einfacher gemacht, wie das automatische Auf- und Absatteln, wobei der Fahrer sein Führerhaus nicht mehr verlassen muss. Bequeme Fahrersitze können sich per persönlicher Codekarte vollautomatisch auf den Fahrzeugführer einstellen.

Die eigentlichen Verbesserungen und technischen Neuerungen erfolgten nahezu unsichtbar, revolutionierten den Alltag des Lkw-Fahrers jedoch in vor Jahren noch ungeahntem Maße. Beispiele sind die elektronische Stabilitätsregelung (ESP) und die elektronische Anfahrhilfe (ASR), die vollautomatische Schaltung, der Retarder als dritte Bremse, der Tempomat und die elektronische Abstandsmessung zur Verhinderung von Auffahrunfällen. Im Großraumfahrerhaus sind Kühlschrank, Klimaanlage, digitales Radio, CD-Spieler, Fernseher und Autotelefon mit Freisprechanlage eine Selbstverständlichkeit.

Ein Thema aus jüngster Zeit sind Überlegungen, sogenannte „Giga-Liner" auf deutschen Straßen zuzulassen, also eine Art „Roadtrain", bei dem hinter einen Sattelauflieger zusätzlich noch ein Anhänger gekuppelt wird. Versuche laufen bereits dazu, die Meinungen gehen jedoch weit auseinander: mehr Nutzlast = weniger Lkws auf den Straßen steht gegen erhöhte Gefährdung im Straßenverkehr durch die langen Gespanne. Vielfach wird auch bezweifelt, dass sich die höhere Zuladung in einer Reduzierung von Fahrzeugen widerspiegeln wird. Lastwagen

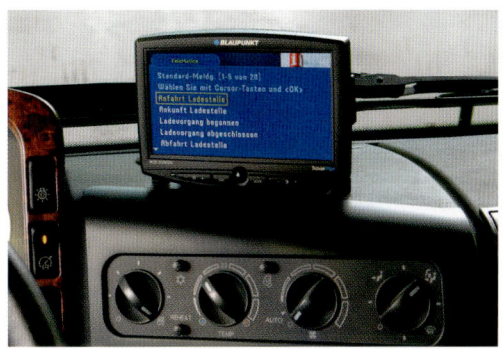

Modernste Technik, wie Navigationsgeräte, erleichtern dem Kraftfahrer die Arbeit und sind daher nicht mehr aus dem Cockpit wegzudenken.

sind mittlerweile so perfekt, wie es der aktuelle Stand der Technik möglich macht, aber sie heben sich kaum mehr voneinander ab. Weil sie zweckmässig konstruiert sind, fehlen Unterscheidungsmerkmale. Fast alle Lkw sehen ähnlich aus. Die persönliche Note, der liebenswerte Charme, der die „Klassiker" auszeichnete, ist irgendwo auf der Strecke geblieben. Heute ist das Nutzfahrzeug lediglich Mittel zum Zweck, das aus wirtschaftlichen Gründen in zeitlich vorgegebenen Intervallen einfach ausgewechselt wird. Vielleicht ein Grund, warum Veteranentreffen heutzutage so anziehen.

Kein Springbrunnen im herkömmlichen Sinne: MAN TGA bei Tests auf nasser Fahrbahn.

Markengeschichte

Borgward/Hansa-Lloyd

Die Geschichte der Borgward-Werke ist zunächst die Geschichte von Hansa-Lloyd und seiner Vorgänger. 1906 wurde die Norddeutsche Automobil- und Motorenfabrik AG (NAMAG) vom Generaldirektor des Norddeutschen Lloyd, Heinrich Wiegand, in Bremen-Hastedt gegründet. Als Marke wählte man den Namen der Reederei: „Lloyd".

Anfangs entstanden nach Patenten der französischen Firma Kriéger S.A. hauptsächlich Elektrofahrzeuge. 1913 wurden die Hansa-Werke in Varel übernommen und 1914 entstand aus dem Zusammenschluss die Hansa-Lloyd Werke A.G.

Während des 1. Weltkrieges wurde Hansa-Lloyd zum bedeutendsten Lieferanten für Heereslastwagen. Im Jahr 1915 betrug die monatliche Fertigungsrate 200 Fahrzeuge, die in Varel, Bremen-Hemelingen und Bielefeld gebaut wurden. Auch am Panzerprojekt A7V war Hansa-Lloyd beteiligt. Bei Ende des Krieges, im November 1918, standen hunderte neuer Lastwagen ohne Bereifung auf dem Werksgelände, da es keine Gummiprodukte mehr gab.

Nach einer ganzen Reihe wirtschaftlich bedingter Umstrukturierungen kam Hansa-Lloyd 1931 offiziell zur Goliath-Werke Borgward & Co. GmbH. Im Werk I (Goliath) baute man die leichten Fahrzeuge, während Werk II (Hansa-Lloyd) die mittelschweren Lastwagen fertigte. Der langatmige Firmenname damals lautete: Hansa-Lloyd und Goliath-Werke, Borgward und Tecklenborg OHG, Bremen.

1936 erneut umbenannt, diesmal in das einfachere Hansa-Lloyd-Goliath-Werke AG, verschwand der Name 1938 endgültig zugunsten des neuen Besitzers Carl F. Borgward Automobil und Motorenwerke GmbH. Neben einer Erweiterung der Werksanlagen in Hemelingen wurde in Sebaldsbrück ein neues Werk errichtet, in dem 5.000 Menschen Arbeit fanden. Die Einweihung erfolg-

Diese Aufnahme entstand im Juli 1943: Drei Borgwards Typ B 3000 im militärischen Einsatz.
Sie tragen unterschiedliche Lackierung. Während die Fahrzeuge links und rechts bereits den, im Februar 1943 eingeführten, dunkelgelben Anstrich tragen, zeigt sich das mittlere Fahrzeug noch im davor üblichen dunkelgrauen Farbton. Der geschlossene Aufbau des linken Fahrzeugs ist eine Improvisation für die Truppe.

te 1938. In der Kriegszeit kamen noch zwei Werke dazu, in Delmenhorst für den Getriebe- und Achsenbau und in Ottersberg für den Lkw-Motorenbau.

Ab 1938 fertigte Borgward zunächst bis 1940 den „Einheitsdiesel" mit einem 80-PS-Motor von MAN. 2.400 Fahrzeuge verließen damals die Montagebänder. Daneben fertigte man noch einen 0,75-Tonner mit dem 80-PS-Einheitsmotor, der in Lizenz gebaut wurde.

Das auferlegte Typenbegrenzungsprogramm erlaubte ab 1939/40 neben dem Borgward 1000 nur noch den Bau des Einein-halb- und des Dreitonners mit 45- und 65-PS-Motoren. Der 1,5-Tonner L 2000S wurde mit dem 40/45-PS-Sechszylindermotor von 1939 bis 1942 gebaut. Der 1938 auf den Markt gebrachte Dreitonner mit Fünfganggetriebe wurde in unterschiedlichen Varianten ebenfalls bis 1942 gebaut. Ab 1942 baute man dann nur noch den B 3000, mit Benzin oder Dieselmotor. Letzterer war eine eigene Neuentwicklung nach dem Wirbelkammerprinzip. Die Leistung betrug 75 PS. Fast alle Fahrzeuge gingen an die Wehrmacht.

Durch Luftangriffe waren die Werke Sebaldsbrück und Hastedt schwer beschädigt worden, während die Auslagerungsbetriebe in Delmenhorst und Ottersberg kaum in Mitleidenschaft gezogen wurden. Da Firmenchef Carl F. W. Borgward (1890–1963) als Wehrwirtschaftsführer bis 1948 interniert war, übernahm Verkaufsleiter Dr. Wilhelm Schindelhauer als Treuhänder die Führungsaufgaben der direkten Nachkriegszeit. Seinem Verhandlungsgeschick war zu verdanken, dass das Werk Hastedt bald wieder Ersatzteile herstellen und Großreparaturen durchführen durfte. Ohne eine Genehmigung eingeholt zu haben, baute man aus noch vorhandenen und heimlich gefertigten Teilen gleich den Kriegs-Dreitonner mit Vergasermotor mit.

Die Motoren dazu kamen aus Ottersberg, die Getriebe aus Delmenhorst. Daneben hielt man sich mit dem Bau von Pferdewagen, Handkarren und Schlitten über Wasser. Die Stärke der Belegschaft war von 8.000 Beschäftigten auf 400 Mann gesunken.

Von dem nicht so ganz legal gefertigten B 3000 verließen noch 1945 insgesamt 117 Fahrzeuge die Werksanlagen. Er wurde nach und nach verbessert und erhielt unter anderem eine hydraulische Bremsanlage mit Druckluftvorspann. Ab 1946 konnte man ihn auch wieder mit einem Dieselmotor ausrüsten. In jenem Jahr kam man auf eine Fertigung von 1.164 Fahrzeugen. 1947 sank die Zahl auf 679 ab, um im Jahre 1948 auf 903 anzusteigen. 1949 verzeichnete man 1.778 hergestellte B 3000.

Ein Jahr später stellte Borgward den Nachfolger B 4000 vor. Es war, wie die Typbezeichnung bereits aussagt, ein Viertonner. Den Antrieb besorgte ein leistungsgesteigerter Dieselmotor von 85 PS. Dieser Langhubmotor zeichnete sich durch Laufruhe und Elastizität aus. 1953 gab es dann beim Nachfolger B 4500 nochmals eine Leistungssteigerung um zehn auf 95 PS.

Technische Merkmale dieses vor allem im Baugewerbe sehr beliebten Typs waren ein Verteilergetriebe für die Kippvorrichtung (bei Feuerwehrfahrzeugen diente es zum Antrieb der Pumpe), das Druckluftvorspannsystem und eine Scheibenbremse auf einem Zwischenlager am Getriebe, die als zweite Bremse diente. Eine besondere Ausführung war der Scherenkipper von Teha (Toussaint und Hess), der die Kippmulde auf zweieinhalb Meter Höhe anheben konnte. Insgesamt standen vier Radstände zur Auswahl, in Ausführungen als Kastenwagen, Omnibus und Sattelschlepper. Den B 4000 gab es auch mit Allradantrieb.

1957 wurde beim B 4500 ein im Hubraum veränderter Motor eingebaut, der 110 PS

In verschiedenen Varianten weit verbreitet war der Borgward B 2000. Hier eine Feuerwehrversion.

leistete. Bis zum bitteren Ende der Borgward-Werke wurden 7.663 Fahrzeuge dieser Modellreihe ausgeliefert.

In der „kleinen Klasse" schlug Borgward mit dem B 1500 und dem B 2000/B 2500 die Brücke zu den großen Brüdern. Bis auf die etwas kürzere Motorhaube hatten die 2,5-Tonner ein fast identisches Äußeres wie die B 3000 Dreitonner. Zum Einbau kam entweder ein Vierzylinder-Dieselmotor von 60 PS oder der 82 PS starke Sechszylinder-Vergasermotor aus dem Pkw Hansa 2400. Es gab ihn auch mit einer Treibgasanlage. Seine Maximalgeschwindigkeit wurde mit 95 Stundenkilometer angegeben. 20.000 Exemplare fanden bis 1960 ihre Abnehmer.

Beim B 2500 A/O handelte es sich um eine Spezialausführung mit Allradantrieb und Ottomotor, was sich aus dem Typschlüssel „A/O" ablesen lässt. Er besaß einen zuschaltbaren Vorderantrieb, der sich nur bei eingelegtem Geländegang zuschalten ließ. Auch

hier trieb in der Feuerwehrversion das Verteilergetriebe die Pumpe an. Äußerlich fiel der B 2500 A/O durch seine hochgesetzte kurze Haube auf. Die hintere Achse war entweder zwillingsbereift oder einfachbereift. Als Kunde schrieb sich unter anderem die Britische Rheinarmee in die Auftragsbücher ein.

Der 1952 vorgestellte B 1500, mit 42 oder 60 PS lieferbar, besaß zunächst das Fahrerhaus und die Motorhaube vom B 2000, erhielt dann aber eine flache „Alligatorhaube" mit integrierten Kotflügeln.

Borgward hatte sich an den Ausschreibungen für Fahrzeuge der neu aufzustellenden Bundeswehr beteiligt und erhielt, im Gegensatz zu den Mitbewerbern Opel und Hanomag, den Zuschlag zum Bau eines 0,75-Tonners und eines 1,5-Tonners. Der Unterschied von beiden Fahrzeugen lag im verstärkten Rahmen des 1,5-Tonners. Beide waren mit dem 82-PS-Vergasermotor ausgerüstet und liefen unter der Bezeichnung B 2000 A/O.

Der 0,75-Tonner wurde in erster Linie als neunsitziger Kübelwagen mit einem offenen Aufbau oder als Fernmeldefahrzeug mit einer Kabine gebaut. 6.758 Militärfahrzeuge wurden von Borgward gebaut, später legte Büssing noch einmal eine Serie von 162 Fahrzeugen des Typs B 2000 A/O für den Bundesgrenzschutz auf.

Mitte der Fünfzigerjahre ging es den Borgward-Werken wirtschaftlich ausgezeichnet und man zog Aktivitäten auf einem neuen Gebiet in Erwägung. Bei den 1956 erworbenen Fahrzeugwerken Fritz Drettmann in Osterholz-Scharmbeck sollten Traktoren gebaut werden. Dieses Projekt wurde dann aber doch schnell wieder verworfen und man verlagerte die Nutzfahrzeugproduktion dorthin. Borgward hatte zu diesem Zeitpunkt auch Montagewerke in Argentinien, Indonesien, Südafrika und auf den Philippinen eingerichtet.

Ab 1955 erschienen die ersten Frontlenker bei Borgward, die parallel zu den Haubenlastwagen gefertigt wurden. Dabei handelte es sich um leichte und mittlere Fahrzeuge, von denen der B 2500F als erstes Modell vorgestellt wurde. Bei diesem Typ handelte es sich um einen 1,7-Tonner mit einem 60 PS starken Dieselmotor, der mit dem Getriebe auf einem Hilfsrahmen montiert war. Die Vorderräder waren einzeln an Querlenkern aufgehängt. Die Bodengruppe bestand aus einem zusätzlichen Außenrahmen. Durch die Anordnung des Motors unter dem Mittelsitz wurde im Fußbereich mehr Platzfreiheit geschaffen. Das sehr fortschrittliche Fahrzeug hatte ein vollsynchronisiertes Getriebe und, im Trend der damaligen Zeit, eine Lenkradschaltung. In den Fünfzigerjahren auch noch neu: die Stahlpritsche.

Borgward stellte parallel zur neuen Modellreihe auch einen neuen Dieselmotorentyp vor, der mit einem verbesserten Wirbelkammerverfahren arbeitete und sich durch seine Laufruhe und Elastizität auszeichnete. Es gab ihn als Vier- und Sechszylinder in den Motorenstärken 70 PS und 110 PS.

Eine Abrundung des Typenangebotes erfolgte zwischen 1957 und 1959 mit den Modellen B 611 und B 622. Mit dem B 555 stand seit 1957 auch ein schwerer Hauben-Lastwagen (4,5 Tonnen) mit einem 110-PS-Motor zur Verfügung, der in größeren Stückzahlen unter anderem an das Technische Hilfswerk (THW) geliefert wurde.

Als letzte Neuschöpfung erschien im Jahre 1959 der B 655 Frontlenker. Auch er zeichnete sich technisch durch die bewährte Öldruck-Bremsanlage mit Druckluftvorspann und Getriebe-Scheibenbremsen aus. Das synchronisierte Borgward-Getriebe wurde über ein Gestänge „ferngeschaltet". Die Höchstgeschwindigkeit des mit einer sehr modernen Vollsicht-Karosserie ausgestatteten Fahrzeugs lag bei 80 Stundenkilometern. Dieser sehr fortschrittliche Fünftonner wurde aber nur in 470 Exemplaren gebaut, denn kurz darauf kam das Aus für die Borgward-Werke.

Bedingt durch Schwierigkeiten auf dem Pkw-Sektor und eine Reihe anderer Ursachen geriet die traditionsreiche Firma 1960 in ernste finanzielle Schwierigkeiten. Das Bundesland Bremen übernahm das Unternehmen, das weltweit einen guten Ruf aufgrund der soliden Qualität seiner Produkte genoss, und führte es 1961 als „Borgward Werke AG" zunächst weiter. Firmengründer Carl F. W. Borgward musste jedoch ausscheiden. Er verstarb zwei Jahre später.

Der Wirtschaftsberater Dr. Johannes Semmler, der zuvor schon die Firmen BMW und Henschel saniert hatte, sollte nun auch die Firma Borgward vor dem Konkurs bewahren und seine Marken „Borgward", „Goliath" und „Lloyd" retten. Als das aber nicht gelang, musste letztendlich im September 1961 der Konkurs angemeldet werden.

Büssing

Heinrich Büssing, ein nicht nur genialer Tüftler, sondern auch ein vorausschauender Geschäftsmann, sah im Motorlastwagen eine eigenständige Konstruktion und nicht nur eine spezielle Variante des Personenwagens, wie viele der damaligen Konstrukteure. Als er 1903, im Alter von bereits 60 Jahren, mit seinen Söhnen Max und Ernst in Braunschweig seine eigene Firma („Fabrikation von Verbrennungsmotoren und Kraftwagen") gründete, hatte er klare Vorstellungen in Sachen Technik und auch konkrete Vorstellungen, was die wirtschaftliche Verwendbarkeit seiner Konstruktionen betraf.

Ein besonderes Augenmerk richtete Büssing auf die Betriebssicherheit seiner Fahrzeuge; denn nur so waren sie auch alltagstauglich. Die schlechten Straßen setzten den ersten Automobilen stark zu und so machte man sich erhebliches Kopfzerbrechen, um hier Abhilfe zu schaffen. Büssing baute bereits 1905 Sperrdifferentiale in seine Fahrzeuge ein und experimentierte, zusammen mit dem Reifenhersteller Continental, an Luftreifen. 1908 kam ein neues Federungssystem zum Einbau, bei dem die herkömmlichen Blattfedern durch kleine Spiralfedern unterstützt wurden. In diesem Jahre konnten Büssing-Lastwagen bereits eine Nutzlast von zehn Tonnen transportieren, was der Tragkraft damaliger Eisenbahnwaggons entsprach. 1912 baute Büssing erstmals den Kardanantrieb ein.

Nach der erfolgreichen Beteiligung bei den Testfahrten für die Subventionslastzüge des Militärs füllten sich die Auftragsbücher zusehends. Während des 1. Weltkrieges gehörten die Büssing-Werke zu den wenigen Herstellern von Kraftfahrzeugen, die stets ausgelastet waren.

In der schwierigen Zeit nach dem Kriege, in der die Inflation die Wirtschaft fast ganz zum Erliegen brachte, holte man sich in Form einer USA-Reise wichtige Erkenntnisse im

Dieser Büssing 8000 Langholztransporter ist 1952 bei winterlichen Straßenverhältnissen unterwegs. Unter dem Aspekt der damaligen Technik eine nicht ganz ungefährliche Angelegenheit.

Brauereien waren gute Kunden der ersten Stunde: hier ein Büssing Typ III aus dem Jahre 1912.

Bezug auf eine rationellere Fertigung mit Hilfe des Fließbandes, das Büssing dann auch als erster Hersteller in Deutschland einführte.

1930 schließlich wurde die Nutzfahrzeugabteilung der AEG-Tochter NAG aufgrund von finanziellen Schwierigkeiten mit Büssing zusammengelegt. Daraus entstand die Firma Büssing-NAG, Vereinigte Nutzkraftwagen AG (Braunschweig).

Die NAG (Neue Automobil GmbH) war 1901 als Automobilabteilung der AEG gegründet worden. Die Firma machte sich bald einen guten Namen und lieferte eine Reihe hervor-

ragender Nutzfahrzeuge ab. Kennzeichen der NAG-Fahrzeuge wurde der ovale Kühlergrill, den man sehr lange beibehielt. Nach dem 1. Weltkrieg war vor allem der Fünftonner L 8 sehr erfolgreich. 1925 sorgte ein früher Sattelschlepper, der sogenannte „Universal-Kraftschlepper", mit nur 2,4 Meter Radstand für Aufsehen in der technischen Fachwelt. Ein langwieriger Patentprozess mit dem Hersteller Oekonom brachte NAG zum Ende der Zwanzigerjahre aber immer mehr in finanzielle Schwierigkeiten. Daher die wohlwollend Fusion genannte Übernahme durch Büssing.

Die drei Rennwagentransporter der Auto Union auf Tour.

Zum Ende der Fünfzigerjahre regiert zumindest noch im Baustellenverkehr die Langschnauze, wie bei diesem Büssing.

Aus dieser Zusammenlegung zweier führender Lkw-Hersteller entwickelte sich eine neue Angebotspalette, vom 1,5- bis zum 9,5-Tonner. Im Jahre 1933 erschien erstmals der markante „Büssing-Kühler", von Ernst Neumann-Neander entworfen, der aufgrund seiner sich nach unten verjüngenden Zierleisten im Volksmund „Spinne" genannt wurde. Bereits ein Jahr zuvor wurde eine technische Neuheit, der Dieselmotor mit Vorkammer, zum Patent angemeldet.

1938 wurde der Prototyp eines Lkw-Unterflurchassis vorgestellt, bei dem der Motor zwischen den Achsen lag. Bedingt durch die anlaufende Typisierung aufgrund des „Schell-Plans" kam der Bau eines kompletten Fahrzeugs dann nicht mehr zur Ausführung. Man war im Hinblick auf die Kriegsproduktion auf die Nutzlastklassen viereinhalb Tonnen und sechseinhalb Tonnen festgelegt worden. Gebaut wurden während des Krieges dann hauptsächlich die als „105er" bekannten 4,5-Tonner. Bis 1945 mussten aber auch Halbkettenzugmaschinen gefertigt werden.

Büssing hatte das Glück, schon kurz nach der Besetzung der Werksanlagen durch die alliierten Truppen die Genehmigung zur Wiederaufnahme der Lkw-Produktion zu bekommen. Vorteilhaft wirkte sich auch aus, dass man während des Krieges die Produktion in 18 verschiedene Betriebe ausgelagert hatte, deren Maschinen und Werkzeuge unbeschädigt geblieben waren und die jetzt die Materialversorgung sicherstellen konnten. Eine Tatsache, die sich auch auf die zukünftigen Entwicklungen auswirken sollte, denn Büssing hatte so deutliche Vorteile vor den meisten Konkurrenten, deren Produktionsanlagen in Trümmern lagen und die über einen längeren Zeitabschnitt die Fertigung ruhen lassen mussten. Auch wurden die entsprechenden Genehmigungen zur Produktionsaufnahme in den meisten Fällen nur zögerlich erteilt.

1945 konnte man mit 300 Mitarbeitern bereits 1.032 Fünftonner fertigen. Ein Jahr später stieg die Produktion sogar auf 1.507 Fahrzeuge an. Aufgrund der sich jetzt auswirkenden Materialengpässe und eines ausgesprochen strengen Winters sanken die Fertigungszahlen im Jahre 1947 auf nur 908 Fahrzeuge. Danach ging es zwar langsam, aber doch stetig aufwärts.

Bereits 1948 stellte Büssing eine Vorserie des neuen Typs 7000 S vor, der mehr oder minder der alte Siebentonner „650" aus dem Jahre 1940 war. Der weiterentwickelte Motor stammte in der wesentlichen Konstruktion aus dem Jahr 1935. Als Ergänzung zum „7000 S" erschien gleichzeitig der kleinere „5000 S" (105 PS).

Auf der Basis vorhandener Omnibus-Chassis (Typ 5000 T) wurden Frontlenker-Fünftonner aufgebaut. Ende 1949 konnte man in Braunschweig stolz auf 6.000 Fahrzeuge zurückblicken, die seit Kriegsende gebaut worden waren. Zu Beginn der Fünfzigerjahre bauten 4.100 Menschen rund 200 Lkws und Busse monatlich. 1952 umfasste die Belegschaft 6.000 Personen.

Mit dem „8000 S" kam 1950 einer der berühmtesten „Langschnauzer" erstmals auf die Straßen. Der Motor (Hubraum 13.539 Kubikzentimeter, 180 PS) war in einer mächti-

gen Haube untergebracht. In Form des Typs 12000S erschien 1951 ein imposanter Frontlenker-Dreiachser, der als erstes Unterflurmodell in Serie mit dem 180-PS-Motor in der Fahrzeugmitte ausgerüstet wurde.

1953 brachte man in Form des „4000 U" den ersten eigenständigen Unterflur-Lkw heraus, dem 1954 der U 7500 folgte, der heute gerne „Urvater der Commodore-Frontlenker" genannt wird. Drei Jahre später kam der LS 5 „Burglöwe" (Fünftonner).

Büssing wurde, aufgrund der hohen Auslastung bei gleichzeitig relativ geringer Fertigungskapazität nicht für Lkw-Aufträge der neu aufgestellten und nun auszurüstenden Bundeswehr herangezogen. Lediglich Busse wurden aus diesem Grund für die neuen deutschen Streitkräfte gebaut.

Das traditionsreiche Unternehmen wurde 1960 wieder in eine Aktiengesellschaft umgewandelt, um mehr Kapital zu bilden, denn die Produktionsanlagen in Braunschweig reichten nicht mehr aus, um den Aufträgen nachzukommen. Zunächst erwarb man das ehemalige Borgward-Werk in Osterholz-

Ein mächtiger Dreiachser war der ab 1951 nur in geringer Stückzahl gebaute Büssing 12000 S, der mit einem 180-PS-Unterflurmotor in der Fahrzeugmitte ausgestattet war.

Interessantes Konzept:
Büssing „Burglöwe" aus
dem Jahr 1967.

Scharmbeck, das im September 1961 aus Insolvenzgründen geschlossen worden war. Hier wurden noch Restaufträge für Borgward-Lastwagen abgewickelt. Diese „Borgward-Büssing-Laster" trugen kein Firmenemblem.

1962 übernahm die bundeseigene Salzgitter AG, auf Wunsch der Familie Büssing als Sperrminorität, 35 Prozent des Aktienkapitals. Gleichzeitig wurde sozusagen im Gegenzug in Salzgitter eine neue Endmontage aufgebaut. 1970 erwarb MAN die Hälfte der Aktienanteile, die andere Hälfte gehörte bereits der MAN-Muttergesellschaft GHH (Gutehoffnungshütte) und hatte jetzt mehr oder minder das Sagen. Die Eigenständigkeit von Büssing endete 1971. Am Kühler stand jetzt (bis 1979): MAN-Büssing.

Werbefahrzeug der Firma „Dr. Oetker"
Ein interessantes Fahrzeug nahm der Bielefelder Nahrungsmittelhersteller Dr. August Oetker Anfang der Dreißigerjahre in Betrieb: einen „Vorführwagen", der nach ganz speziellen Plänen und Vorgaben konstruiert worden war.

Viele Firmen hatten zum damaligen Zeitpunkt erkannt, dass sich gezielte Werbung auf den Absatz eines Produktes auswirkt. Es stellte sich dabei die Frage, wie man den po-

tenziellen Kunden am besten erreicht – und da bot sich natürlich das Auto schon ganz allgemein als Blickfang an. Eine weitere Aufwertung erreichte man mit auffälliger Lackierung und Beschriftung sowie besonderen Aufbauten, die das Interesse der Betrachter auf sich zogen. So fuhren beispielsweise übergroße Reifen oder riesige Schachteln Reklame für ihre Hersteller. Daneben wurden auch die reinen Auslieferungsfahrzeuge auffälliger gestaltet.

Etwas Besonderes dachte sich die Reklameabteilung von Dr. Oetker aus: Man wollte nicht nur indirekte Aufmerksamkeit auf das Produkt lenken, sondern die Kunden persönlich ansprechen. Speziell ging es darum, Hausfrauen für die Backzutaten aus Bielefeld zu begeistern – und so etwas gelingt am besten, wenn man „vor Ort" Überzeugungsarbeit leisten kann.

Auf der Basis eines Büssing-NAG mit einer für die damalige Zeit starken Motorleistung von 100 PS ließ sich Dr. Oetker von der Berliner Karosseriefirma Gaubschat einen ganz besonderen „Vorführwagen" maßschneidern. Das Herzstück des Fahrzeugs war eine komplett eingerichtete Küche mit „Protos"-Herden der Firma Siemens & Schuckert, nebst Spüleinrichtung und Warmwasserversorgung. In einem Schauraum konnten

Der Dr.-Oetker-Werbe-
wagen war in den
30er-Jahren ein Publikums-
magnet. Beachtenswert der
Stromerzeuger als
„Guglhupf" auf einem
Einachsanhänger.

Der Renndienst-Büssing der Auto Union

Der eine Michael Schumacher der Dreißigerjahre hieß Rudolf Caraciola und fuhr einen
der legendären „Silberpfeile" aus dem Mer-
cedes-Benz-Rennstall, der zweite „Schumi"
jener Tage saß auch in einem silbernen Rennwagen, doch der trug keinen Stern auf dem
Kühler, sondern die vier Ringe der Auto
Union. Sein Name: Bernd Rosemeyer. Beide
lieferten sich erbitterte Duelle auf den Renn-
strecken der Welt und schenkten einander
nichts. Beliebt waren sie beide – und ganz
Deutschland fieberte mit, wenn sie ihre Boliden über die Pisten jagten. Rund 500 PS leisteten die Rennwagen damals, auf ganze
70 PS brachte es der Transporter, ohne den
Bernd Rosemeyer gar nicht erst ins Cockpit
hätte steigen können; denn ohne Auto kein
Rennen.

die backfrischen Kostproben verabreicht
werden. Sowohl vom Innenraum des Fahrzeugs als auch durch großflächige Außen-
fenster war der Küchenbereich gut einzuse-
hen.

Eine Lautsprecheranlage ermöglichte Vor-
träge über ein Mikrofon oder das Abspielen
von Schallplattenmusik, um Aufmerksamkeit
zu erregen. Ferner gab es einen Tageslicht-
Filmprojektor, zur Vorführung von Werbefil-
men. Versorgt wurde die komplette elektrische Anlage des Fahrzeugs von einem
10.000-Watt-Generator, der in einem dekora-
tiven „Guglhupf"-Einachsanhänger untergebracht war.

Die Auto Union, zu Beginn der Dreißigerjahre aus den Marken Audi, DKW, Horch und
Wanderer entstanden, suchte sich mit Erfolgen im Rennsport zu profilieren und hatte
1934 mit einem Heckmotor-Rennwagen (Typ
A), konstruiert von Ferdinand Porsche, ein
geeignetes Instrument dafür.

Das Fahrgestell des Auto
Union Rennwagentrans-
porters vom Typ Büssing-
NAG 300

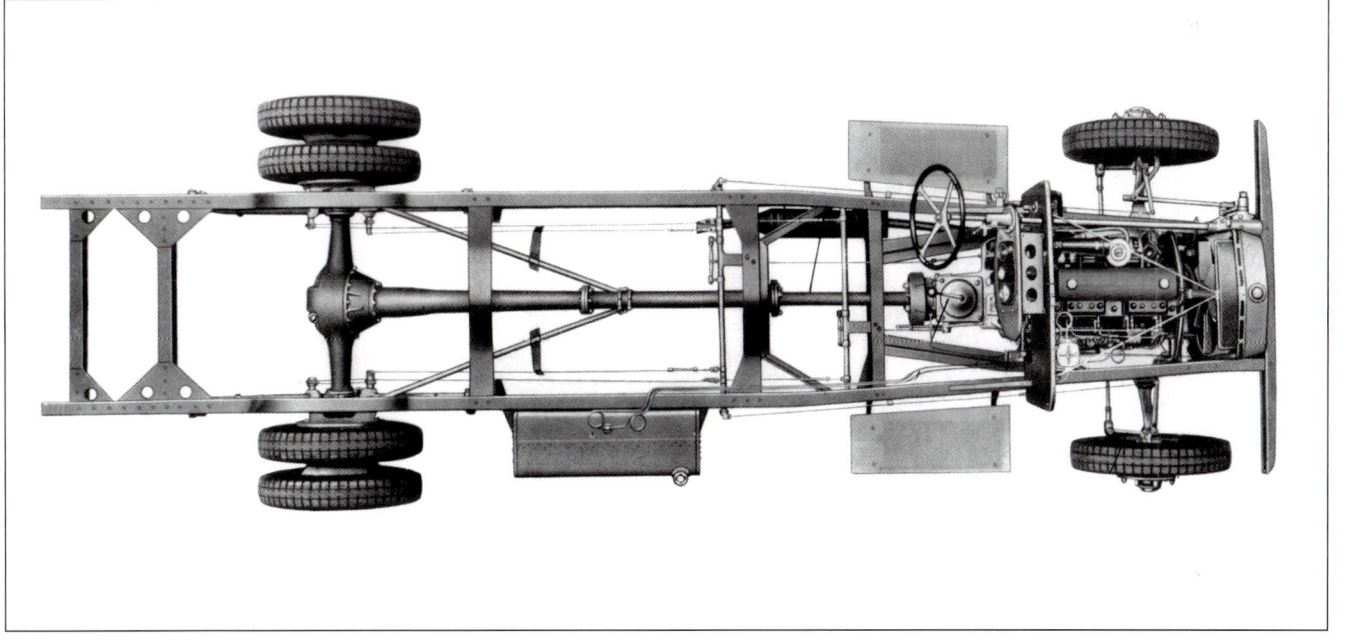

Verdienter Ehrenplatz im Museum: der restaurierte Büssing-NAG Transporter des Auto Union Renndienstes aus den 30er-Jahren

Als Transporter wählte man den Büssing-NAG 300 aus, von dem die Fahrzeugwerke Schumann in Werdau drei Exemplare nach speziellen Plänen aufbauten. Der Typ galt als robust und zuverlässig. Angetrieben wurde er von einem Sechszylinder Reihenmotor (Typ L), der eine Leistung von 70 PS (51,5 kW) bei 2.250 Touren erbrachte. Es handelte sich dabei um einen Vergasermotor, dem man den Vorzug trotz der immer mehr aufkommenden sparsamen Dieselmotoren gab. Der Verbrauch lag bei rund 25 Litern auf 100 Kilometer. Zwei große Kraftstofftanks mit je 200 Litern Inhalt sicherten die nötige Reichweite ab. Diese Tanks konnten allerdings nur mit speziellen Trichtern befüllt werden, die eigens mitgeführt werden mussten. Das Fahrzeug bewährte sich im Langstreckeneinsatz recht gut, war aber bald nicht mehr wirtschaftlich genug.

1937 wurde der Transporter mit dem Kennzeichen 16200 ausgemustert und zur Werksfeuerwehr von Auto Union versetzt. Der graue L 300 erhielt nun eine rote Lackierung und bekam eine Magirus-Drehleiter mit 20 Meter Steighöhe aufmontiert. Das zunächst ziemlich trist anmutende Schicksal bescherte dem braven Büssing aber ein langes Leben und zum Schluss sogar eine Wiedergeburt als Rennwagentransporter. Das lange Leben verdankte er dem Umstand, dass Feuerwehrfahrzeuge nicht von der Wehrmacht für den Kriegseinsatz herangezogen wurden. So überstand er, wie die meisten Rennwagen der Auto Union übrigens auch, den Zweiten Weltkrieg im Wesentlichen unbeschadet, wenngleich er sein späteres Dasein abgetakelt in einer Hallenecke fristete. Dort wurde er dann aber für ein neues, strahlendes Leben wieder entdeckt. 1997 begann Michael Stephan vom „Büssing-Nutzfahrzeug-Veteranendienst" mit der Restaurierung und Rückversetzung in den Ur-Zustand. Ort: die Quasi-Geburtsstätte des Rennwagentransporters, die alten Hallen der Büssing-Werke in Braunschweig. Der Kreis hatte sich schließlich geschlossen.

Daten zum Rennwagen-Transporter

Hersteller:	Büssing-NAG, Vereinigte Nutzkraftwagen AG, Braunschweig
Typ:	300
Fahrgestell-Nr.:	50.431
Baujahr:	1934
Einsatz:	1934–1937 (Renndienstfahrzeug) 1937–1989 (Werksfeuerwehr)
Motortyp:	L (Vergasermotor)
Motor-Nr.:	50.998
Zylinderzahl und -anordnung:	6, in Reihe (Ottomotor Typ L)
Hubraum:	3.962 ccm
Leistung:	70 PS
Drehzahl:	2.250 U/min.
Höchstgeschwindigkeit:	60 km/h
Leergewicht:	4.790 kg
Nutzlast:	3.210 kg
Zul. Gesamtgewicht:	8.000 kg
Radstand:	5.100 mm
Spur:	1.600 mm (vorn) 1.655 mm (hinten)
Gesamtlänge:	7.600 mm
Breite:	2.250 mm
Höhe:	2.750 mm
Aufbau:	Kasten (geschlossen)
Farbe:	Zementgrau (RAL 7033)
Beschriftung:	Weiß-Grün (Sachsenfarben)

Büssing 8000 – Der Star der Fünfziger

Kaum ein Lkw der Fünfzigerjahre ist, zumindest im verklärten Blick der Rückbesinnung, so eng mit der Wirtschaftswunderzeit verknüpft wie der legendäre Langschnauzer aus Braunschweig, der Büssing 8000. Und auch damals, zu Beginn des Jahrzehnts, an das sich viele noch wehmütig zurückerinnern, war der „8000" etwas ganz Besonderes. Bei den Fahrern, die dieses Prachtstück anvertraut bekamen, hieß er eigentlich nur „150er". Das lag daran, dass den „Kapitänen der Landstraße" die offizielle Typbezeichnung eigentlich immer ziemlich „wurscht" gewesen ist. Für sie zählte einzig und alleine die Motorleistung – und beim Flaggschiff der Büssing-Flotte arbeiteten nun mal 150 Pferde unter der Haube, bei einer (recht niedrigen) Drehzahl von 1.500 Umdrehungen. Übrigens: Der Hubraum des Sechszylinders betrug 13,54 Liter.

Technisch war der „8000" praktisch eine Neuauflage des Typs 650 aus der Vorkriegszeit: 16 Tonnen Gesamtgewicht, davon rund acht Tonnen Nutzlast, Höchstgeschwindigkeit knapp über 60 Stundenkilometer, nicht synchronisiertes 5-Gang-Getriebe und natürlich keine Servolenkung. Für den Fahrer bedeutete das Knochenarbeit erster Güteklasse. Erwähnt werden sollte auch, dass damals, zu Beginn der Fünfzigerjahre, noch der Betrieb mit zwei Anhängern nicht nur erlaubt, sondern üblich war, um die Fernzüge komplett auszulasten. Hingen keine zwei Zwei-Achsanhänger hinter dem Maschinenwagen, so war das dann in der Regel ein Drei-Achsanhänger, dessen übliche 24 Tonnen dem Motor an Steigungen das Letzte abverlangten.

Die empfohlene Richtgeschwindigkeit wurde im Büssing-Handbuch ohnehin mit 40 Stundenkilometern angegeben, da sich hier Kraftstoffverbrauch und Reifenverschleiß in erträglichen Grenzen hielten. Eine weitere

Empfehlung aus dem Service-Handbuch bezog sich auf die Temperatur des Kühlwassers. Hier waren 60 Grad Celsius angeblich das Non-Plus-Ultra „für beste Motorleistung bei niedrigem Kraftstoffverbrauch". Als durchschnittlicher Verbrauch wurden übrigens 26 Liter angegeben, die sich beim Betrieb mit zwei Anhängern ruckzuck auf 45 bis 55 Liter erhöhen konnten.

Abgesehen davon, dass andere Marken und Typen es auf ähnliche Werte brachten, war der „8000" ohnehin nur etwas für Fuhrunternehmer mit dem nötigen Kleingeld. Büssing war ein konservatives Unternehmen und man war in Braunschweig nicht bereit, sich auf irgendwelche Finanzierungsgeschäfte einzulassen. „Büssing nur gegen Bargeld", so würde man das heute vielleicht werbemäßig herausstellen. Damals konnte man es sich noch leisten, die Kunden für die wenigen Schwerlaster so auszuwählen – und die Kunden waren stolz auf „ihren Büssing", der gleichwohl unter Lastwagenfahrern auch ein Prestigeobjekt gewesen zu sein scheint.

Nicht zu übersehen: Der imposante Büssing 8000 war einer der Stars des Wirtschaftswunder-Fernverkehrs.

DAAG – Technische Finessen aus Ratingen

Die Deutsche Last-Automobil-Fabrik AG (DAAG) entstand im Jahre 1910 in Ratingen bei Düsseldorf. Die Firma, die aus einer Metallgießerei hervorgegangen war, baute bis 1929 Nutzfahrzeuge. Das erste Fahrzeug war ein 1,5-Tonner mit einer Motorleistung von 30 PS. Daneben entstanden Lastwagen in den Nutzlastklassen 2, 2,5, 3,5 und 4–6 Tonnen, hauptsächlich für militärische Zwecke.

Die DAAG-Lastwagen zeichneten sich, vor allem nach dem Ersten Weltkrieg, durch einige technische Besonderheiten aus, wie die Möglichkeit, die Nockenwelle beim Bremsvorgang zu verschieben. Dadurch arbeitete der Motor als Kompressor und wirkte als Motorbremse. Zwischen Differential und Rädern war ein Stirnräderpaar zwischengeschaltet, um die Größe des Differentialgehäuses klein zu halten. Während die großen Motoren eine Wasserpumpenkühlung erhielten, rüstete man die kleinen mit einem Thermosyphonkühler aus.

Im Jahre 1921 erschien ein neuer Zweitonner, der als „Schnelllaster" auf Luftreifen lief und mit zwei Motorvarianten ausgestattet werden konnte (50 PS oder 60 PS). Eine Leistung von 60 PS war zu dieser Zeit geradezu eine technische Sensation. Dazu kam noch, dass der Motor aus Gründen der Gewichtseinsparung aus „Silumin" hergestellt war, einer Legierung aus Aluminium und Silizium. Um die Eigenmasse noch mehr zu verringern, wurden das Kasten-Rahmen-Fahrgestell und die Felgen ebenfalls zu großen Teilen aus Leichtmetall hergestellt.

Die Räder liefen auf Wälzlagern. Diese moderne Konstruktion von Gabriel Becker erreichte eine Spitzengeschwindigkeit von knapp 60 Stundenkilometern. 1923 war es wiederum die DAAG, die mit einer technischen Neuerung auf sich aufmerksam machte. Erstmals in Deutschland wurde ein Lkw mit Niederrahmenchassis und mit mechanisch gesteuerten Vierrad-Öldruckbremsen vorgestellt. Der Fünftonner NC fiel noch durch weitere technische Besonderheiten auf. Er besaß einen aus Blech hergestellten Kastenrahmen mit Hohlnieten und nicht,

DAAG NAC 3/4 aus dem Jahre 1923. Der Vierzylinder-Reihenmotor (Hubraum 6.079 ccm) leistete 60 PS.

wie sonst üblich, einen u-förmig gepressten Rahmen. So konnte man auch hier Gewicht sparen.

Die Hinterachse war in einer Dreiecksverbundkonstruktion ausgeführt, bei der sich die Kardanwelle nach dem vorverlegten Differential y-förmig zu den Hinterrad-Halbachsen hin teilte. Dadurch war es nun möglich, das Differential tiefer zu legen und die Hinterachse als reine Tragachse auszubilden. Gleichzeitig konnte das Gewicht auf der Hinterachse besser abgefedert werden. Die Kupplungsbetätigung war hydraulisch. Neu war ab 1925 noch eine vom Motor angetriebene Luftpumpe für die luftbereiften Fahrzeuge.

Waren beim Vorgänger die Ventile noch stehend angebracht, so folgte beim nächsten Schnelllaster, der ebenfalls 1925 vorgestellt wurde, der Einbau in hängender Weise. Zur Geräuschdämmung kapselte man den Motor vollständig ein. Der Fünftonner bekam im gleichen Jahr eine Druckluft-Vierradbremse von Knorr.

Ab 1926 wurden die Fünftonner-Niederrahmen-Lastwagen (NCL) ebenfalls zu Schnelllastern umgerüstet und erhielten Luftreifen. Hier kamen mechanische Vierrad-Servobremsen zum Einbau. Die Motorleistung stieg auf 80 beziehungsweise 100 Pferdestärken beim Sechszylinder. Eine weitere Besonderheit war die Faudi-Luftfederung, die zusätzlich zu den vorne und hinten angebrachten Viertelelliptikfedern installiert wurde.

Trotz dieser teilweise bahnbrechenden technischen Neuheiten im Lkw-Bau geriet die DAAG Ende der Zwanzigerjahre in finanzielle Schwierigkeiten. 1929 stellte man als letztes Modell einen 90 PS starken Sechstonner vor. In der Bus-Variante war er für 33 Fahrgäste ausgelegt, der Lkw wurde als hydraulisch betätigter Dreiseitenkipper präsentiert. Die Friedrich Krupp AG ließ als neuer Eigner der DAAG aber nur noch vorhandene Aufträge ausführen, um dann das Werk mit seinen 1.000 Beschäftigten 1930 zu schließen.

Ein Dreitonnen-Subventionslastwagen (hier von Dürkopp) in militärischen Diensten an der Westfront im August 1915. Es handelt sich dabei vermutlich um ein Fahrzeug einer Fliegerabwehreinheit.

DaimlerChrysler

Daimler-Benz

Am 1. Juli 1926 entstand aus der Fusion der Daimler-Motoren-Gesellschaft (DMG) mit der Benz u. Cie. AG die Daimler-Benz AG. Bereits zwei Jahre zuvor hatten sich beide Firmen zu einer Interessengemeinschaft zusammengeschlossen. Nach dem Zusammenschluss präsentierte man im Oktober 1926 auf der Berliner Automobilausstellung Nutzfahrzeuge aus dem Programm von Benz & Cie. Bis zur Fusion lag auf diesem Gebiet die Daimler-Motoren-Gesellschaft eindeutig im Hintertreffen.

Die neue Gesellschaft ging alsbald daran, das Nutzfahrzeugprogramm neu auszurichten und vor allem zu modernisieren. Die Vierzylindermotoren wurden durch neue Sechszylinder ersetzt und ein Dieselmotor mit sechs Zylindern neu entwickelt. Hier wurde auf das von Benz entwickelte Vorkammer-Verfahren zurückgegriffen. Die Robert Bosch GmbH lieferte ab 1927 dazu eine mechanisch-hydraulische Einspritzanlage. Die Motorenbezeichnung lautete „OM" für „Oel-

motor". Beim Typ „L 5" wurde der neue Dieselmotor erstmalig serienmäßig angeboten. Gegen Aufpreis konnte der 70 PS starke OM 5 eingebaut werden. Der Fünftonner L 5 war ab 1927 der schwerste Lastwagen mit zwei Achsen in der Angebotspalette. Es gab ihn auch mit Niederrahmenfahrgestell als N 5. Ab 1928 wurde er als N 56 zum Dreiachser erweitert, wobei die „6" sich auf sechs Räder bezog. Zwei Nutzlastklassen (7 t und 8,5 t) und ebenfalls zwei Motorvarianten (100 PS Benziner M 36 oder 70 PS OM 5 Diesel) standen zur Auswahl. Die neuen Fahrzeuge wurden von den Kunden gut angenommen.

Innerhalb von drei Jahren gelang es, die Produktionszahlen zu verdreifachen. Doch der 25. Oktober 1929, der berüchtigte „Schwarze Freitag", setzte dem Aufwärtstrend ein Ende. Der New Yorker „Börsencrash" zeigte umgehend Folgen. Die nun einsetzende Weltwirtschaftskrise wirkte sich verheerend auf die Werke des stark exportabhängigen Unternehmens aus, zumal durch den Weltkrieg 1914/18 die wichtigen Absatzmärkte in England und Russland weggefallen

Benz -Gaggenau BL 10

waren. In den Folgemonaten sank die Belegschaft von 14.000 auf 8.850 Mitarbeiter. Die
Lkw-Produktion ging 1930 um mehr als die
Hälfte von 3.813 Einheiten auf 1.595 Einheiten zurück. Viele Mitbewerber mussten in
dieser schwierigen Zeit aufgeben. Daimler-
Benz konnte mit etwas Glück diese Phase
überstehen.

Erst die Großaufträge, die nach der Machtergreifung durch die Nationalsozialisten erteilt
wurden, brachten wieder volle Auftragsbücher. Die Aufrüstungspolitik führte zu einem
wahren Ausrüstungsboom bei Militär, Reichspost, Reichsbahn und einer Reihe weiterer
staatlich gelenkter Organisationen. Interessant ist, dass zum damaligen Zeitpunkt auch
eine Fertigung von Daimler-Lastwagen in
Schanghai/China aufgebaut wurde. Der 1932
vorgestellte Zweitonner Lo 2000 öffnete dem
Dieselmotor die Tür zum Einbau auch in kleinere Fahrzeuge. Das „o" stand für eine besondere Rahmenkonstruktion, einem Mittelding
zwischen Hoch- und Niederrahmen, daher
auch „Halbniederrahmen" genannt.

Der 2,5-Tonner „LEX 2500" wurde, wie der
Name bereits vermuten lässt, ausschließlich

für den Export gebaut. Er bekam einen 70-
PS-Dieselmotor eingebaut und hatte ein ver-
kürztes Fahrgestell mit einer geänderten
Übersetzung. Die Export-Fahrzeuge wurden
im Werk Gaggenau hergestellt.

Der sogenannte „Liefe-
rungswagen" von Carl Benz
aus dem Jahre 1896. Der
Einzylindermotor hatte
2,75 PS, die Nutzlast betrug
300 Kilo.

Der erste Frontlenker-Lkw
der Süddeutschen Auto-
Fabrik Gaggenau (später
Benz-Werke Gaggenau-
GmbH) kam 1906 mit einem
Zweiblock-Motor auf den
Markt (24–36 PS Leistung,
fünf Tonnen Nutzlast).

Der 1935 vorgestellte schwere Dreiachser L 10000 (Nutzlast zehn Tonnen) gehörte bereits zu den „Dinosauriern der Landstraße". Der Antrieb erfolgte zunächst durch einen 150 PS starken Dieselmotor (12.500 Kubikzentimeter) auf beide Hinterachsen. Der ursprüngliche Pritschenwagen mit kantigem Fahrerhaus erhielt ab 1938 eine abgerundete Kabine und einen gleichstarken Motor mit nur noch 11.200 Kubikzentimetern Hubraum. Er war auch als Kipper LK 10000 lieferbar.

Die gleichen Änderungen nahm man zeitgleich am „schweren Gaggenauer" L 6500 vor. Dieser zwischen 1935 und 1940 in 2.137 Exemplaren hergestellte Typ erhielt ebenfalls den neuen Motor und das abgerundete Fahrerhaus.

Das Gespenst des drohenden neuen Krieges pochte auch bei Daimler-Benz lautstark an die Werkstore und hatte eine Reihe größtenteils negativer Folgen. Die entsprechenden Auflagen des „Schell-Planes" wirkten sich aus, die Produktion musste umgestellt werden.

Bis in das Jahr 1940 ging es aber noch beinahe friedensmäßig weiter. 1941 konnte sogar in der 1,5-Tonnenklasse ein neues

Fahrzeug geschaffen werden, das gar nicht im „Schell-Plan" vorgesehen war und dessen anlaufende Produktion ihn quasi unterlief. In Serie ging auch der bereits 1939 vorgestellte 4,5-Tonner. 1942 waren nach einem Regierungserlass Flüssigkraftstoffe nur noch für die Verwendung von Militärfahrzeugen an den Fronten erlaubt. Bei Daimler-Benz hatte man aber bereits seit 1938 mit Gaserzeugern auf der Basis von Holzkohle, Torfkoks, Schwelkoks und Anthrazit experimentiert. Insgesamt wurden zwischen 1941 und 1944 rund 13.600 dieser Generatoren in Fahrzeuge eingebaut.

Ganz schwer im Magen lag bei Mercedes die Anordnung, dass die Produktion des eigenen Dreitonners zugunsten der Opel-„Blitz"-Lizenzfertigung einzustellen war. Vehement sträubte man sich dagegen, das Konkurrenzmodell zu bauen. Als wichtiges Argument für den „Blitz" sprach aber, dass er fast eine Tonne leichter war und für drei Opel nur zwei MB L 3000 gebaut werden konnten. Außerdem erwies sich der Mercedes-Typ im harten Kriegseinsatz als anfälliger. Noch bis Juni 1942 hatte der damalige Daimler-Benz Generaldirektor Wilhelm Kissel versucht, sich

Benz Gaggenau GL 12 mit fünf Tonnen Nutzlast

durchzusetzen. Doch die entsprechende Verfügung von Rüstungsminister Albert Speer vom 22. Juni 1942 machte allen Diskussionen ein Ende. Der Opel „Blitz" musste bei Daimler-Benz gefertigt werden. Direktor Kissel verstarb überraschend am 18. Juli 1942. Als Gründe vermutete man den Tod seines Sohnes an der Ostfront und die Schmach in Sachen Opel. Sein Nachfolger Wilhelm Haspel unterschrieb im August 1942 resignierend die Unterlagen des Nachbauvertrages. Dennoch verzögerte sich der Anlauf der Produktion im Mannheimer Mercedes-Werk noch bis zum Juli 1944. Der Opel-Dreitonner, der ohne Emblem und in der „abgespeckten" Kriegsvariante von den Bändern lief, bekam als Typbezeichnung „L 701". Als im August 1944 das Opel-Werk in Brandenburg/Havel durch einen Luftangriff total zerstört wurde, war Daimler-Benz plötzlich der einzige Hersteller dieses Fahrzeuges.

Unter immer schwierigeren Bedingungen wurden bis zum Kriegsende in Mannheim und Gaggenau (hier waren es überwiegend 4,5-Tonner und „Maultier"-Halbkettenfahrzeuge) Fahrzeuge in immer kleineren Stückzahlen gebaut.

Die Situation nach dem zweiten Weltkrieg war für Daimler-Benz keineswegs einfach. Alle Werke waren weitgehend zerstört, bis auf die Fabrik in Mannheim, die ungefähr zu 80 Prozent intakt geblieben war. Dort wurden auch bald wieder Fahrzeuge gebaut, doch es waren die Lizenzbauten des Opel „Blitz" Dreitonners, die dort unter der Bezeichnung L 701 ab Sommer 1945 wieder vom Band liefen, und in Gaggenau war es die bis auf die Basisteile abgespeckte Kriegsvariante des L 4500 mit einem Führerhaus aus Presspappe, die dort aus noch vorhandenen Teilen montiert wurde. Von August 1945 bis zum Jahresende konnte man immerhin 290 Stück dieser „Aufbauhelfer" fertigen – allerdings hauptsächlich nur für das französische Militär. Die damalige Zeit war geprägt von akuten Materialengpässen, Stromabschaltungen und Tauschhandel. Beispielsweise mussten Reifen vom Kunden selbst beschafft werden und über das Werk Gaggenau erhielt man erst im Sommer 1948 wieder die eigene Verfügungsgewalt.

Zur Adam Opel AG bestand ein gutes Verhältnis und so wurde der Lizenzvertrag für den „Blitz" jeweils jährlich bis 1949 verlän-

Typ L 4500 bei Erprobungs-fahrten am Sauberg bei Gaggenau

gert. Am 10. Juni 1949 lief dann der letzte von 13.800 gebauten L 701 von den Montagebändern bei Daimler-Benz.

Auf der Exportmesse, die im Mai 1949 in Hannover stattfand, konnte man endlich wieder ein neues Fahrzeug aus eigener Entwicklung vorstellen, den Typ L 3250, bei dem es sich, wie die Typbezeichnung bereits verrät, um einen 3,25-Tonner handelte. Das Fahrzeug hatte ein niedriges Leergewicht und der von den Abmessungen recht kleine Dieselmotor überraschte mit einer Leistung von stolzen 90 PS. Die Verwendung und das Festhalten am Dieselmotor zeugte von einem gewissen Mut, denn zum Ende der 1940er-Jahre stand der Benzinmotor bei den Nutzfahrzeugherstellern, allen voran die US-Töchter Opel und Ford, wieder hoch im Kurs.

Ein weiterer „neuer" Lastwagen wurde in Gestalt des L 5000 präsentiert, der aber eigentlich ein L 4500 war, bei dem die Nutzlast auf fünf Tonnen erhöht worden war. Vorbei

waren auch die Zeiten der Behelfsfahrerhäuser. Die Kabinen bestanden nun wieder ganz aus Stahl. Bereits 1950 wurden beide Fahrzeugtypen „aufgewertet". Aus dem L 3250 wurde der 3,5-Tonner L 3500 und auf dem L 5000 baute der L 6600 auf.

Mercedes-Benz „L 6600" – Die Großschnauze der 50er

Zu Beginn der Fünfzigerjahre konnte Mercedes-Benz endlich wieder einen neuen großen Lastwagen vorstellen, den L 6600 mit 6,6 Tonnen Nutzlast. Seine lange Motorhaube ließ Führerhaus und Ladefläche geradezu klein aussehen, wenn man die Gesamtmaße mit den Augen umriss. Sein mächtiges Aussehen ließ zudem einen wahren Kraftprotz vermuten, doch hier ertappte man den neuen Benz als Schaf im Wolfspelz. Unter der „Großschnauze" schlug nämlich nur das 145-PS-Herz des OM 315 (8.280 Kubikzentimeter), der auf der Basis des OM 67/4 weiterentwickelt wurde. Das musste erstmal reichen; denn mehr war im Herbst 1950 noch nicht drin.

Als kleinen Lichtblick konnte man das neue ZF-Sechsganggetriebe sehen, bei dem aber der erste Gang zu lang übersetzt war. Als Zumutung im Fernverkehr entpuppte sich zudem das viel zu kleine Führerhaus. Hier boten Karosserien von Kässbohrer und Wackenhut eine Menge mehr – wenngleich gegen Aufpreis, wie sich versteht.

Im Fernverkehr traten als typische Störungen Federbrüche (ein Merkmal für Überladung) und Kolbenschäden (Brüche des oberen Kolbenringes) auf. Daher wurde vom Hersteller eine große Inspektion empfohlen, die nach 100.000 Kilometern im Werk Gaggenau durchgeführt wurde.

Als Domäne des L 6600 galten eindeutig die Kurz- und Mittelstrecken – und hier gewann er bei den Fahrern auch rasch viele Pluspunkte in der persönlichen Bewertungsskala. Hier fanden sogar Vergleiche zum Pkw statt. Gelobt wurden vor allem die Laufeigenschaften und die Laufruhe des „6,6". Aber auch für Lenkung und Kupplung fanden sich lobende Worte.

Dieser Mercedes L 6500 Tankzug mit Dreiachsanhänger war auf engen Straßen nicht einfach zu manövrieren.

Der kleinere Bruder L 3500 wurde zunächst als Pritschenwagen mit zwei Radständen angeboten, doch schon bald folgten Kipper, Sattelschlepper und eine Allrad-Version. Der zunächst eingebaute 90-PS-Motor erlaubte eine Höchstgeschwindigkeit von 80 Stundenkilometern. Ab 1955 wurde die Leistung der Saugmotoren auf 100 PS erhöht. Feuerwehrfahrzeuge erhielten ab April 1954 Turbolader eingebaut, für militärische Nutzer gab es Benzinmotoren von 110 PS.

Die ab dem 1. Januar 1958 in Kraft tretenden neuen Gewichts- und Längenrichtlinien („Seebohm-Gesetze"), die ausnahmslos Beschränkungen waren, forderten alle Nutzfahrzeughersteller in höchstem Maße heraus. Bei Daimler-Benz entstand unter den entsprechenden Vorgaben eine interessante Lösung auf den Reißbrettern, der LP 333. Es handelte sich dabei um einen schweren Frontlenker-Lkw (Nutzlast 9 Tonnen) mit zwei gelenkten Vorderachsen. Sein Spitzname lautete alsbald „Tausendfüßler". Es gab ihn auch als Dreiachser-Sattelzugmaschine (Typ LPS 333). Die neuen Maß- und Gewichtsbeschränkungen führten alsbald zum Aus der

reinen Langhauber auf dem deutschen Markt. Für den Export baute man die Typen L 315 und L 326 aber noch weiter. Der neue Trend, neben den reinen Frontlenkern, waren die Kurzhauber, die Daimler-Benz erstmals ebenfalls im Jahre 1958 mit dem L 322 vorstellte.

Das Fahrzeug fiel durch seine rundliche Form auf, die große, einteilige Windschutzscheibe zog sich über die komplette Fahrerhausbreite und sorgte für ein ausgezeichnetes Sichtfeld. Der Motor ragte, konstruktionsbedingt, etwas in die Kabine hinein. Der L 322 eroberte sich rasch das Herz der Kunden und wurde später zum meistverkauften Lkw seiner Klasse. Im März 1959 begann mit dem L 337 dann auch die Ära der Kurzhauber bei den schweren Mercedes-Lastwagen. Diese Ära dauerte annähernd 40 Jahre lang; denn erst 1996 lief in Form eines L 1924 das letzte Fahrzeug dieser Bauart in Wörth vom Band.

Die Bilanz am Anfang der Sechzigerjahre sah für Daimler-Benz so aus: 200.000 Nachkriegs-Lastkraftwagen hatten die Montagebänder verlassen. Nach den Zwischenlösungen der frühen Nachkriegszeit konnte man jetzt sieben neue Grundtypen, vom Kleintransporter L 319D (43 PS) bis hin zum schweren L 334 (200 PS) anbieten. 1963 stellte man auf Drängen des Verbandes der Automobilindustrie (VDA) außerdem auf einen neuen Typ-Schlüssel um. Die vierstellige Zahl gab mit den ersten beiden Ziffern das Gesamtgewicht und mit den letzten zwei Ziffern die Motorleistung (mal zehn) an. Beispiel: Typ LAK 2623 = Lastwagen, Allrad, Kipper, mit 26 Tonnen und 230 Pferdestärken.

Optisch setzte alsbald die kubisch geformte Kabine ihre Akzente. Ab August 1963 waren es zuerst die schweren Frontlenkerfahrzeuge, die damit ausgerüstet wurden. Das neue Fahrerhaus zeichnete sich durch

eine zweckmäßige Gestaltung und ein geräumiges Inneres aus, zu dem die Unterbodenanordnung des Motors wesentlich beitrug. Bis zum Jahre 1965 wurden auch die Kabinen der mittelschweren Fahrzeuge entsprechend angepasst.

Vergleichsweise spät brachte Daimler-Benz seine schweren Haubendreiachser für den Baustellenverkehr in einen Markt ein, der von den Mitbewerbern schon recht gut abgedeckt war. Doch die robusten L 2220/2620 in den Antriebsformeln sechs mal vier (= beide hintere Achsen = vier Räder angetrieben) und sechs mal sechs (Allradantrieb = alle drei Achsen = sechs Räder angetrieben) kamen ausgezeichnet bei den Kunden an. Dank ihrer robusten Bauweise, ihrer guten Geländegängigkeit und ihrer Anspruchslosigkeit avancierte diese Typreihe rasch zum Marktführer. Für den Export wurden Fahrzeuge mit 26 Tonnen Gesamtgewicht gebaut, die sich vor allem in Arabien und Afrika einen guten Namen machten.

Mit der Vorstellung des LP 608, am 14. Juli 1965 im neuen Lkw-Werk Wörth, öffnete Daimler-Benz ein neues Marktsegment neben den mittleren und schweren Lastwagen. Der LP 608 verkörperte den leichten, wendigen Frontlenker-Lkw mit hoher Nutzlast (drei Tonnen). Ab 1968 gesellte sich der fast zeitlos gestaltete Kleinlaster (1,8 Tonnen) L 408/ L 408D dazu. Ebenfalls 1968 stellte Krupp in Essen seine Lkw-Produktion ein. Daimler-Benz übernahm die Verkaufsstellen und den Kundenservice in Verbindung mit der Ersatzteilversorgung.

Im Jahre 1969 wurden die Hanomag-Henschel-Fahrzeugwerke übernommen, die seinerzeit erst ein Jahr zuvor fusioniert hatten, wodurch die eigene Marktposition weiter gestärkt wurde. Die Absicht, Hanomag-Henschel als Marke mit eigenem Vertriebsweg weiterzuführen, ließ man fallen. Im glei-

Im Baustellenbereich zeigte der Mercedes-Benz LK 326 (hier ein Meiller Dreiseitenkipper) ab 1956 gerne seine große Schnauze.

chen Zeitraum wurden auch Kooperationsgespräche mit Magirus-Deutz geführt, die jedoch an der unterschiedlichen Motorenphilosophie scheiterten. Erwähnt sei an dieser Stelle, dass die Daimler-Benz AG zur Mitte der Sechzigerjahre selbst an der Entwicklung luftgekühlter Motoren gearbeitet hat. 1970 verließ das einmillionste Nutzfahrzeug der Nachkriegs-Produktion die Wörther Fertigungshallen. Dieses größte und modernste Lkw-Werk Europas hatte mittlerweile seinen Tagesausstoß auf 290 Fahrzeuge gesteigert.

Aufgrund der seit langer Zeit gepflegten guten Kontakte nach Nahost und Afrika profitierte Daimler-Benz vom einsetzenden Boom in den ölfördernden Ländern. Während der Heimatmarkt um 1973/74 kriselte, stieg die Nachfrage nach Schwerlastwagen in diesen Ländern stark an.

Technische Herausforderungen ergaben sich daraus, dass man bei der Firma DAF in Holland einen Motor mit Lader und Ladeluftkühlung zur Serienreife brachte, der nun zu dem Orientierungspunkt bei der Motorentwicklung wurde. In Italien wurde 1976 das Gesamtgewicht für Lastzüge auf 44 Tonnen heraufgesetzt. Mangels verfügbarer Turbomotoren musste man diesen Engpass mit vielzylindrigen Saugmotoren (bis zu zwölf Zylinder) überbrücken.

Die neue Schwerlastklasse (SK)

Auf der Internationalen Automobilausstellung 1973 stellte Daimler-Benz dann die neue Schwerlastwagen-Baureihe vor, die halboffiziell „NG 73", also „Neue Generation 73", genannt wurde. Die rundlichen Fahrerhäuser des neuen Typs Generation wirkten unauffällig und der hohe Motortunnel ließ den Innenraum der Kabine kleiner als den des Vorgängers erscheinen. Höchst ungeschickt erwies sich zudem die Lackierung der vorgestellten Fahrzeuge; denn deren Türkis erinnerte stark an die Einheitslackierung der Ostblocklastwagen.

Doch das neue Fahrerhaus hatte innere Qualitäten. Die große Windschutzscheibe

Mercedes-Benz 3850 A (1984): Der einsteigende Fahrer verdeutlicht die Höhe des allradgetriebenen Fahrzeugs.

bot eine ausgezeichnete Sicht und die Kabine selbst war auf schlechten Wegstrecken nicht so instabil wie das Vorgängerfahrerhaus. In der Ausführung mit Hinterrad antrieb wurde der Motor-Getriebeblock leicht abgesenkt in dem Fischbauch-Leiterrahmen eingebaut. Bei den Allrad-Typen ragte er aufgrund der höheren Anbringungsweise mehr in die Fahrerkabine hinein.

Die Straßenausführungen erhielten hintere Starrachs- oder Planetenaußenantriebe, die Baustellenfahrzeuge vordere und hintere Planetenantriebe. Bei den Dreiachsern war die erste Hinterachse als Durchtriebsachse ausgebildet, so dass nur ein Wellenstrang verwendet wurde. Die 6x6-Allradfahrzeuge besaßen sperrbare Quer- und Ausgleichsdifferentiale. Die Bremsen erhielten automatisch wirkende lastabhängige Bremskraftregler (ALB). Als Motoren kamen zunächst die V-8- und V-10-Motoren und der neue Sechszylinder V-Motor Typ 401 mit 192

PS zum Einbau, der interessanterweise im Nürnberger MAN-Werk gebaut wurde, aber nur in Fahrzeuge von Daimler-Benz eingebaut wurde. Viele Komponenten, darunter Achsaufhängungen, Bremsen, Lenkung und die gesamte Fahrzeugelektrik, wurden im Baukastensystem ausgeführt, was die Fertigung rationeller gestaltete. Im Jahre 1976 hatte man die Tagesleistung im Wörther Lkw-Werk auf 400 Einheiten gesteigert. 1980 lag man bei einer Jahresproduktion von 198.143 Fahrzeugen.

Auf der IAA 1979 wurden die überarbeiteten Schwerlastwagen unter der Bezeichnung „NG 80" („Neue Generation 80") vorgestellt. Als Standmotorisierung wurde der Saugmotor mit 280 PS angeboten, doch zeigte man auf der IAA bereits einen V-8-Motor mit Abgasturbolader und Ladeluftkühlung, der 375 PS leisten konnte. Die bewährte Motorenreihe OM 401 bis 403 wurde einer Bearbeitung unterzogen und im Hubraum vergrößert. Sie wurden jetzt OM 421, OM 422 und OM 423 bezeichnet. Ab November 1980 kam noch der Standardmotor mit Abgasturbolader (330 PS) hinzu. Der kleinste Typ in der ab 1975 vorgestellten Reihe im mittleren Segment (auch „MK-Klasse" genannt) war der „1013" mit einem 130-PS-Motor des Typs OM 352. Er wurde nach neunjähriger Bauzeit im Oktober 1984 durch den neuen „LN" abgelöst.

Neben den stets erfolgreichen Unimog verbuchte Daimler-Benz bei der werbeträchtigen Rallye Paris-Dakar auch noch sportliche Erfolge in der Lkw-Wertung. So siegte im Januar 1983 der Exporttyp 1936 AK (= Allradkipper, 19 Tonnen Gesamtgewicht, 356 PS) und 1984 fand man den gleichen Typ sogar auf den ersten beiden Plätzen. Ähnlich erfolgreich gestaltete sich beispielsweise 1989 das Engagement im immer populärer werdenden Truck-Racing für Daimler-Benz mit der Europameisterschaft in der Einzel- und Herstellerwertung.

Am 8. Juli 1988 präsentierte Daimler-Benz die neuen, überarbeiteten Modelle der jetzt „Schwere Klasse" (SK) genannten Typenrei-

he, die nun ab 17 Tonnen geliefert wurde. Dabei war der „1748" mit seinen 480 PS der erste Spitzenreiter.

Unter der „Schweren Klasse" (SK) war man ab Mitte der Achtzigerjahre auch mit den neuen leichteren „LN-Typen" (Lastwagen Neu) später „LK" („Leichte Klasse") 709, 809, 814, 914, 1117 und 1120 zunehmend erfolgreich, die serienmäßig mit Servolenkung und Druckluftbremsanlage ausgestattet waren.

Sie waren die ersten Lastwagen, die mit Niederquerschnittsreifen ausgerüstet wurden. Für den leichten Fernverkehr wurde sogar eine Kabine mit zwei Schlafliegen angeboten. Die „814", wie man die Fahrzeuge der LK-Klasse oft auch verallgemeinernd nannte, beherrschten bald den Markt der Verteiler-Lkws.

Nach 13 erfolgreichen Jahren trat Anfang 1998 der „Atego" die nicht minder erfolgreiche Nachfolge an. Das vorgestellte Programm bestand aus 25 Grundtypen mit 224 Baumustern und 14 Radständen. Eingebaut wurden Motoren der Baureihen OM 904 LA und 906 in einer Leistungsbreite zwischen

Hier präsentiert sich die Typenpalette der erfolgreichen SK-Klasse von Daimler-Benz.

122 PS und 279 PS. Zur Nutzfahrzeug-IAA 1998 wurde dann noch die erweiterte Modellpalette des „Atego" (ab 18 t Gesamtgewicht) vorgestellt. Sie löste die bisherige „MK-Klasse" ab. Mit den Kunstwörtern „Atego", „Actros" und etwas später auch mit dem „Axor" wich Daimler-Benz von seiner konventionellen, sachlichen Typbezeichnung ab.

Ebenfalls 1998 erschienen mit der „Economic"-Reihe speziell für kommunale Einsätze, zum Beispiel Feuerwehr und Müllentsorgung, konzipierte Fahrzeuge, die über ein besonders niedriges Chassis (874 Millimeter) und daher einen niedrigen Einstieg verfügen. Die Fahrerhauskonstruktion ist eine Mischung aus Komponenten des „Atego" und „Actros".

Zwischen „Atego" und „Actros" angesiedelt ist auch der „Axor", dessen neue Modellreihen durchaus schon mit dem Flaggschiff der Mercedes-Flotte verwechselt werden können.

Mercedes-Benz „Actros"

Sehr lange hatte man im Hause Daimler-Benz an der zwar nicht schlechten, aber zwischenzeitlich in die Jahre gekommenen SK-Klasse festgehalten. Das Resultat war zunächst ein Rückgang der Zulassungszahlen bei Neufahrzeugen und schließlich ein Einbruch von Marktanteilen am deutschen und europäischen Markt. Europaweit lagen die Verkaufszahlen in der Schweren Klasse ab 16 Tonnen beispielsweise 1993 bei 26 Pro-

Waren bis Anfang der Neunziger auf der Überholspur: die Typen der „Schweren Klasse".

*Mercedes-Benz Atego 815
im Verteilerverkehr
(1998)*

*Ein beliebter Verteiler-Lkw
ist der „Atego", den es in
zahlreichen Versionen für
nahezu jeden Bedarf gibt.*

zent. Sie sanken bis 1996 dann sogar auf nur noch 18,8 Prozent. Die Zeit für einen Nachfolger war also mehr als reif.

Dieser Nachfolger kam dann 1996 auf den Markt, hieß „Actros" und eroberte binnen kurzer Zeit verlorene Marktanteile zurück. Am 4. August 1999 lief im Lkw-Werk Wörth bereits der 100.000. „Actros" vom Band, der Marktanteil in Deutschland spiegelte dies in 38 Prozent deutlich wider.

Eine elegante Erscheinung ist dieser „Actros"-Sattelzug.

„Actros", ein klangvoller Phantasiename, der einerseits etwas Farbe in das sonst eher monotone Zahlenspiel der Typenunterscheidung bringt, gleichzeitig aber auch nach Größe und Stärke klingt – einer griechischen Sagengestalt nicht unähnlich. Groß und mächtig ist er auf alle Fälle. Zumindest in der Version mit dem Megaspace-Fahrerhaus legt der „Actros" eine imposante Erscheinung an den Tag.

Platz im Fahrerhaus, das leidige Problem der alten SK-Klasse, ist aber nicht nur im Flaggschiff der Mercedes-Nutzfahrzeugflotte nun reichlich vorhanden, auch die kleineren „Actros"-Varianten können mit günstigen Innenhöhen aufwarten.

Zur Präsentation des „Actros", im Sommer 1996, schrieb das Fachmagazin FERNFAHRER von einem „neuen Lebensgefühl in der Hütte" und lobt weiter: „Die stark kubische Form der verschiedenen Kabinenvarianten erleichtert den Einstieg. Bei der Gestaltung und Ausstattung der Kabine wurden endlich auch Fahrerwünsche berücksichtigt. 1920 Millimeter Innenhöhe stehen jetzt ohne Auf-

preis zur Verfügung. Für Einsätze, die geringere Kabinenhöhen erfordern, zum Beispiel bei Autotransportern, steht die lange Normaldachversion mit 1.560 Millimetern zur Wahl (auf Wunsch mit 1.400 Millimeter Innenhöhe). Im 1840er sind auf dem Motortunnel noch gute 1.550 Millimeter Stehhöhe."

Weiteres Lob gilt der dreigeteilten Liege, den Stauräumen und sonstigen Ablagemöglichkeiten sowie dem übersichtlichen Fahrerplatz ganz allgemein. Hier hat sich zwischenzeitlich auch noch mal so einiges getan. Mit noch mehr Ablagemöglichkeiten, einer neuen einteiligen Liege und mit frischen Innenraumfarben wurde die Kabine des „Actros" weiter aufgewertet. Dazu zählen auch die Komfort-Schwingsitze mit integrierter Kopfstütze und Seitenkonturanpassung.

Den 1857 bietet Mercedes als Topmodell nur luftgefedert und nur mit Megaspace-Fahrerhaus an. Als Zweiachs-Pritschenwagen gibt es den 1857 mit einem Radstand, als Zugmaschine stehen zwei Radstände zur Wahl.

Wie sehr man beim „Actros" unter Zeitdruck geraten war, zeigte, dass man die Entwicklung der sparsameren Hypoidachse und des Direktganggetriebes nicht abwarten wollte und deshalb zunächst mit der haltbaren, aber auch verbrauchsintensiveren APL-Achse in Serie gehen musste. Gleiches gilt auch für das neue Getriebe, das für die Fahrzeuge mit V6-Motor erst später zum Einsatz kam.

Beim „Actros" handelt es sich um eine völlige Neukonstruktion, also keine irgendwie übernommenen Modifikationen der SK-Klasse. Motoren, Bremsen, elektronische Vernetzung von Motor, Getriebe und Bremsfunktionen, Rahmen, Fahrerhäuser, Hinterachsen – dazu Wartungsintervalle von 100.000 Kilometer – alles war neu. Kostenpunkt der „Actros"-Entwicklung: 1,8 Milliarden DM (900 Millionen Euro).

Ein Ohr für den Kunden

Bei der technischen Weiterentwicklung des „Actros" wurden auch Erfahrungen von Nutzern berücksichtigt. Die Anregungen der Kunden fanden bei den Ingenieuren offene Ohren und wurden fortlaufend in die Praxis umgesetzt. Hierzu zählte beispielsweise eine neu konstruierte Instrumententafel, die unter anderem eine sichtbar verbesserte Ablesbarkeit der Ganganzeige für die serienmäßige Telligent-Schaltung bietet.

In einem nächsten Schritt wird der Drehzahlmesser mit einem variablen grünen Bereich aufwarten, der dafür sorgt, dass der Fahrer im wirtschaftlich ökologischen Drehzahlbereich fährt. Die Einstellmechanik des Lenkrades wich einer pneumatischen Schnellverstellung mit automatischer Sicherheitsverriegelung. Eine neue Radiogeneration sowie die Einführung der satellitengestützten GPS-Navigation rundeten die Modellpflege zunächst ab.

Die Einführung des auf Wunsch erhältlichen Flottenmanagement-Dienstes „Fleet-Board" führte den „Actros" in eine ganz neue Dimension des Lkw-Einsatzes im Gütertransport – weg vom „Stand-alone-Gerät" und hin zu einem integrierten Transportmittel in einer geschlossenen Logistikkette.

Neben der technischen Innovation stand eine rationellere Fertigung als bei dem Vorgänger auf dem Plan. Auch daran war erfolgreich getüftelt worden. Ausgeklügelte Baukastensysteme machen es möglich, dass es beispielsweise anstelle von 100 Auspuffanlagen, 280 Kraftstofftanks und 59 Federn der SK-Klasse beim „Actros" jeweils nur noch zwölf verschiedene Ausführungen gibt.

Motoren und Getriebe

Bei den Motoren behielt man das Vorgänger-Konzept mit V6- und V8-Motoren bei. 940 Kilogramm wiegt der V6-Motor OM 501 und 1.250 Kilogramm der V8-Motor OM 502. Zunächst wurde der Zylinderhubraum von 1,83 Liter auf nahezu glatte 2 Liter erhöht. Das gelang durch die Vergrößerung der Bohrung um zwei Millimeter von 128 auf 130 Millime-

Der vierachsige „Actros"-Kipper ist hier voll in seinem Element.

ter und die Verlängerung des Hubs um 8 Millimeter von 142 auf 150 Millimeter.

Um den Anforderungen der Zukunft (hohe Leistung und Drehmoment, niedrige Schadstoffemissionen, geringer Spritverbrauch, verlängerte Wartungsintervalle) gerecht zu werden, war vor allem eine völlig neue Brennraumgestaltung notwendig, die eine drastische Erhöhung des Mitteldruckes möglich machte. Vier Ventile und eine in der Mitte wie eine Zündkerze bei einem Otto-Hochleistungsmotor platzierte Einspritzdüse kennzeichnen den Verbrennungsraum.

Um die Bauhöhe zu reduzieren, wurde in Zusammenarbeit mit Temic (zuständig für die Programmierung der elektronischen Steuerung) und der Diesel Technology Company DTC ein speziell entwickeltes Steckpumpensystem eingebaut. Über die elektronische Steuerung wird das Kennfeld der einzelnen Leistungsstufen geregelt. Über eine hoch gelegte Nockenwelle wird jede Steckpumpe pro Zylinder mit Kraftstoff versorgt, die dann 1.100 bis 1.800 bar Druck

aufbaut und über die senkrecht zwischen den vier Ventilen angebrachte Einspritzdüse den Kraftstoff möglichst spät einspritzt.

Das beispielsweise von Volvo und Cummins benutzte Pumpe-Düse-System schied wegen der zu großen Bauhöhe aus. Die schnelle Verbrennung reduziert die Spitzendrücke und somit die Emission der Stickoxide, hebt aber den Mitteldruck und somit auch das Drehmoment erheblich an. Beim stärksten V6-Motor mit 428 PS beträgt der Mitteldruck 21 bar, beim stärksten V8-Motor mit 571 PS sind es sogar 21,3 bar. Derartige Werte waren bis dato bei Mercedes-Benz noch nicht erreicht worden.

Wie bei der SK-Klasse behielt man die Grundstruktur der Motorbaureihe mit V6 und V8 Motoren bei. Im Unterschied zum Vorgänger liegen die Leistungsabstufungen bei den V6-Motoren OM 501 LA bei 313 PS und 1530 Newtonmeter, 354 PS und 1730 Newtonmeter, 394 PS und 1850 Newtonmeter und reichten bis zu 428 PS und 2.000 Newtonmeter. Dadurch decken heute V6-Motoren

Neugierde geweckt! Die Kinder wurden von diesem in hübschen bunten Farben gestalteten „Actros"-Sattelzug angelockt.

Ein moderner Transportbetonmischer mit Liebherr-Trommel aus der „Actros"-Familie.

Schwerpunktbereiche ab, die bei der SK-Klasse noch den V8-Aggregaten vorbehalten waren. Zur besseren Laufkultur haben die V6-Motoren einen gleichmäßigen Zündabstand von 120 Grad Kurbelwellenwinkel, genau wie es bereits bei der Vorgängerbaureihe OM 441 war. Der OM 501 LA wurde zum Standardmotor der „Actros"-Reihe. Bei den V8-Motoren OM 502 unterscheiden sich in drei Leistungsstufen, die bei 476 PS/2300 Newtonmeter beginnen und von 530PS/2400 Newtonmeter bis zu 571 PS/2.700 Newtonmeter reichen.

So glatt und konsequent die Erneuerung der Motorenpalette vor sich ging, so inkonsequent stellte sich das Ganze auf dem Sektor des Antriebsstranges mit Getriebe und Hinterachsen dar. Hier hatte das Umsetzen nicht termingerecht zur Präsentation des „Actros" geklappt und so musste bis zum Ende des Jahres 1997 bei den Sechszylindern das Aggregat G 210 mit einem ins Schnelle übersetzten 16. Gang eingebaut werden. Erst danach kam das neue Getriebe G 211 nach

und nach zum Einbau. Beim G 211 handelte es sich um eine Weiterentwicklung mit einem direkten 16. Gang. Der bessere Wirkungsgrad spiegelte sich in einem geringeren Kraftstoffverbrauch wider.

Nicht so einfach stellte sich das Thema bei den drehmomentstärkeren Achtzylindern dar. Für die Typen mit dem 476-PS- und 530-PS-Motor wurde das Getriebe G 240 mit zwei ins Schnelle übersetzten letzten Schaltstufen bereitgestellt. Das „Actros"-Flaggschiff mit dem 571-PS-Motor erhielt das verstärkte Getriebe G 260. Um die Kraftübertragungsteile zu schonen, wurden hier sogar die letzten drei Gänge ins Schnelle übersetzt, wobei ein schlechterer Wirkungsgrad in Kauf genommen werden musste.

Intelligente Schaltautomatik

Eine Besonderheit, und bis zur Mitte der Neunzigerjahre unübertroffen, ist die EAS genannte Schaltautomatik, in Verbindung mit dem mechanischen Schaltgetriebe. Sie ermöglicht wie bisher das Fahren mit manueller

Betätigung oder mit Automatik. Aufgrund einer engen Vernetzung über den CAN-Datenbus wird, ohne Kupplungsbetätigung des Fahrers, durch reines Gasgeben angefahren. Das Schalten erfolgt dann automatisch.

Beim EAS erkennt die elektronische Schaltlogik („Telligent Schaltautomatik") aufgrund der über den CAN-Datenbus bereitgestellten Daten, ob das Fahrzeug leer, teil- oder vollbeladen ist, ob es gerade bergauf oder bergab fährt und welchen Grad die Steigung oder das Gefälle gerade hat. Der Clou ist, dass die automatisierte Kupplung erkennt, ob es sich bei dem jeweiligen Zustand um einen gewöhnlichen Fahrbetrieb oder um Rangierbetrieb wie ankuppeln oder aufsatteln handelt. Beim EAS erfolgt die Drehzahlanpassung durch automatisches Zwischengasgeben.

Bei den Baufahrzeugen blieb es in der Serie bei der mechanischen Doppel-H-Schaltung, die beim „Actros" allerdings hydraulisch betätigt wird. Beim EPS, gegen

Aufpreis erhältlich, erhöhte sich bei eingeschalteten Längssperren die Schaltgeschwindigkeit.

Problemkind Hinterachse

Ein besonderes Dilemma ergab sich für die Entwicklungsingenieure bei den Hinterachsen. Von Grund auf hatten sich die bereits seit den frühen Siebzigerjahren eingebauten APL-Achsen wegen ihrer Robustheit ausgesprochen bewährt. Nicht selten überschritten sie sogar die Laufzeit des Fahrzeugs, in das sie eingebaut waren. Besonders im harten Baustelleneinsatz gab es für sie aufgrund ihrer robusten Ausführung und der großen Bodenfreiheit des systembedingten kleinen Differentialgehäuses keine Alternative. Ein gravierender Nachteil dieser Achsen war jedoch ein nicht optimaler Wirkungsgrad durch die vielen Zahnradverbindungen im Planetenteil. Dadurch erhöhte sich der Kraftstoffverbrauch im Vergleich zur Hypoidachse.

Bekanntes Bild von Straße und Autobahn: ein „Actros"-Sattelzug.

Seit Ende 1997 wurde dann die Hypoidachse HL 8 in alle Fernverkehrsfahrzeuge bis zu einer Motorleistung von 530 PS eingebaut. Die APL-Achse blieb aber optional im Verkaufsprogramm. Die Baufahrzeuge wurden nach wie vor mit der APL-Achse ausgerüstet wie auch der „Actros" mit dem 571-PS-Motor.

Nichts mit der Achsenkonstruktion zu tun hat die bei Mercedes-Benz praktizierte Lösung zu langer Achsübersetzungen, die auch beim „Actros", bis auf den Typ 1835, eine Fortsetzung fand: Hohe Schalthäufigkeit, schlechte Fahrbarkeit und reduzierte Fahrleistungen stehen einem gelassenen, souveränen, Nerven schonenden Fahren mit einer harmonischen, mehr auf Zugkraft ausgelegten Triebstrang-Auslegung im Wege. Als Beispiel sei ein entsprechender Vergleich des Fachmagazins LASTAUTO OMNIBUS erwähnt, bei dem eine identische Testrunde mit einem SK 1853 und einem „Actros" 1853 absolviert wurde. 62 Schaltvorgängen beim SK standen 92 Schaltungen beim „Actros" gegenüber.

Hochmoderne Bremssysteme

Besondere Mühe gab man sich in Untertürkheim bei der Entwicklung der Bremsanlage. So sind alle „Actros"-Straßenfahrzeuge und die Betonmischer mit Scheibenbremsen ausgerüstet. Die Kipper in der Konfiguration 4x2 und 6x4 haben vorne Scheiben- und hinten Trommelbremsen, die unempfindlicher gegen Beschädigungen beim Abladen von Schüttgut sind. Fahrzeuge mit Allradantrieb, Vierachser und „Actros" mit 20 Zoll Bereifung besitzen vorne und hinten Trommelbremsen.

An sich sind normale Scheibenbremsen keine Besonderheit, doch das Neue beim „Actros" ist die Verbindung mit der elektronischen Steuerung. Ein schnelles und vor allem ein fast gleichzeitiges Ansprechen der Bremsen, auch beim unterschiedlichen Bremsen des Aufliegers, und ein Pkw-ähn-

liches Bremsgefühl mit progressiv steigender Wirkung sind ein Verdienst der sauberen Abstimmung der Scheibenbremsen mit der elektronischen Steuerung – bei Mercedes-Benz „Telligent-Bremssystem" genannt.

Der Hauptvorteil dieses Systems ist eine gleichzeitig schnellere Ansprechzeit bei höherer Bremskraft. Neben der elektrischen Betätigung der Bremsen umfasst das „Telligent-System" auch die Funktionen eines ABS-Systems und regelt eine Reihe anderer Funktionen, wie Motordrehzahl, Getriebe, Übersetzung usw., um den Bremsweg zu verkürzen.

Im Vergleich mit einem herkömmlich ausgerüsteten Baufahrzeug verkürzt sich der Bremsweg bei einer Geschwindigkeit von 60 Stundenkilometern um sechs Meter und bei 85 Stundenkilometern um elf Meter. Zum Zeitpunkt der Einführung galt dieses System als Nonplusultra im Vergleich mit den Fahrzeugen der anderen Hersteller. Die „Actros"-

Für schwere Fälle: „Actros"-Zugmaschine mit vier Achsen

Baufahrzeuge konnten mit diesem Brems- system gegen Aufpreis ausgerüstet werden.

Gewichtseinsparung und moderne Federung

Da Gewicht beim Lkw natürlich immer mit Kraftstoffverbrauch zusammenhängt, wurde diesem Gesichtspunkt natürlich bei der Konstruktion des „Actros" besondere Bedeutung zugemessen. Es gelang, beim Rahmen 60 Kilogramm einzusparen, bei der Hinterachskonstruktion mit dem Stabilen- ker waren es sogar 80 Kilogramm und bei Bremsen und Auspuff kamen 20 Kilogramm zusammen.

Auch bei den Baufahrzeugen, die am 1. September 1997 vorgestellt wurden, kam einiges zusammen. Der schwere Doppel- rahmen wurde durch einen Monorahmen ersetzt, der je nach Einsatzprofil in unter- schiedlichen Stärken lieferbar ist. Parabel- federn lösten die Trapezfedern an der

Die aktuellen Mercedes- Baufahrzeuge wurden hier ins Licht gerückt.

Hinterachse ab und wer sich für die angebo- tene Luftfederung entscheidet, kann zwi- schen 120 und 150 Kilogramm sparen. Weni- ger Gewicht verbessert daneben den Fahrkomfort und trägt zur Schonung der Fahrbahnbeläge bei. Bei sämtlichen „Ac- tros"-Varianten wurde das Thema Luftfede- rung mit Vorrang behandelt. Die größere Spurbreite der Federbälge bringt größere Stabilität in das Feder- und damit Fahrver- halten; ein oft gerügter Mangel bei den Vorgängern der SK-Klasse. Für die luftgefe- derten Zweiachs- und Dreiachs-Pritschen- wagen sowie die Sattelzugmaschine gibt es Varianten mit niedrigem Rahmen für Ein- satzzwecke mit besonders großem Raumvo- lumen.

Das Design des neuen Flaggschiffs

Beim Design des „Actros" nahm man Ab- schied von der bewusst zurückhaltenden Ge- staltung des SK-Fahrerhauses. Bruno Sacco gab als Designchef 1989 die Losung aus, dass der „Neue", (der Name „Actros" war noch nicht kreiert worden) über sein Ausse- hen die Kompetenz und die klare Zugehörig- keit zum Hersteller zeigen müsse. Es wurde Abschied genommen von der schräg geneig- ten Windschutzscheibe des SK (die VOLVO 1994 für seine FH-Baureihe wieder neu ent- deckte!) – der Primat gehörte der kubischen Grundform. Die Aerodynamiker mussten mühsame Puzzlearbeit an den Radien der Kanten, am Dach, den Spoilern und Flaps leisten.

Die Fahrerkabinen

Vier unterschiedliche Kabinen stehen zur Wahl: das Standard-Fahrerhaus „S" mit einer Länge von 1,70 Meter und einer Steh- höhe von 1,56 Meter, das mittellange „M"- Fahrerhaus mit 1,95 Meter Länge bei gleich- er Höhe, das lange Fahrerhaus, „L" genannt, mit 2,20 Meter Länge und 1,92

Meter Stehhöhe sowie das Megaspace-Fahrerhaus, das über dieselben Grundmaße wie das lange Fahrerhaus verfügt, zusätzlich jedoch durch den Wegfall des Motortunnels einen ebenen Fahrerhausboden aufweist. Gelungen ist dieses „Kunststück" durch das Anheben des Kabinenbodens, der den 35 Zentimeter hohen Motortunnel quasi verschwinden lässt.

Nach den ersten Präsentationen erklang jedoch Kritik an der Gestaltung und an der qualitativen Ausführung des „Actros"-Fahrerhauses; im Fokus war vor allem die Farbgebung und die Kunststoffauskleidung sowie die dreigeteilte, ausziehbare Liege. Man nahm sich diese Kritikpunkte zu Herzen und arbeitete rasch an der Abstellung der Bemängelungen. Bereits 1998 zur IAA (Internationale Automobilausstellung) konnte man die Änderungen und auch Neuerungen der Öffentlichkeit vorstellen: Als Standardausrüstung war die untere Liege jetzt einteilig, die ursprüngliche Ausführung blieb aber im Angebot und konnte auf Wunsch geordert werden. Die Stoffe für Sitze und die Seitenverkleidung der Türen wurden geändert, die Farben der Kunststoffoberflächen waren jetzt dunkler ausgeführt. Neu sind Fächer über den Türen und in den Seitenwänden, „Pompadour-Taschen" in der Fahrerhausrückwand, eine verschließbare Rückwandanlage an der Fahrerhausrückwand, sowie ein um 90 Grad drehbarer Beifahrersessel.

Nach nunmehr elf Jahren Einsatz kann man bei DaimlerChrysler ein ausgesprochen positives Fazit ziehen. Der „Actros", ständig weiterentwickelt und den Kundenwünschen angepasst, ist mehr als nur ein würdiger Nachfolger der bewährten SK-Typen geworden. Er setzt(e) neue Maßstäbe und führt den langen Traditionsweg der Mercedes-Nutzfahrzeuge eindrucksvoll weiter. Ein Nachfolger ist bisher noch nicht in Sicht.

Oben: Das weit klappbare Fahrerhaus erleichtert die Wartung.

Unten: Übersichtlichkeit im behaglichen Cockpit ist heutzutage eine Selbstverständlichkeit.

FAUN

Die Firma FAUN ist für schwere Spezialfahrzeuge berühmt, hat sich aber auch auf dem Sektor Kommunalfahrzeuge einen Namen gemacht. Hier ein Drehtrommelmüllwagen aus dem Jahre 1946.

Die Firma FAUN, neben Kaelble in Backnang der bekannteste deutsche Hersteller für Schwerfahrzeuge, ging 1919 aus dem Zusammenschluss der Nürnberger Feuerlöschgeräte-, Automobillastwagen- und Fahrzeugfabrik mit der Fahrzeugfabrik Ansbach hervor. Der Name FAUN entstand dabei aus der Abkürzung für Fahrzeugfabrik Ansbach und Nürnberg. Im Jahre 1926 erfolgte zwangsweise eine vorübergehende Trennung beider Firmen aufgrund der schwierigen Wirtschaftslage und damit verbundener finanzieller Probleme.

Der Name FAUN steht aber seit den Zwanzigerjahren auch als Marke für Kommunalfahrzeuge. Hier sei besonders der Rolltrommel-Müllwagen erwähnt. FAUN erwies sich dabei als Pionier des benzin-elektrischen Antriebes bei schweren Nutzfahrzeugen,

Mittlerweile mit dem japanischen TADANO-Konzern zusammengeführt, stellt FAUN weiterhin Spezialfahrzeuge her.

unter Verwendung von Radnabenmotoren. Die „BEL-Typen" erfreuten sich vor allem im Bereich der Kommunalfahrzeuge mit Wechselaufbauten großer Beliebtheit.

Die FAUN-Werke stellten zwar keine großen Stückzahlen her, boten jedoch ein komplettes Typenprogramm an, das man mit verschiedenen Aufbauvarianten und diversen Spezialtypen vergrößerte.

Besonders erwähnenswert unter den zahlreichen FAUN-Typen ist der 14-Tonner „L 1500D Zwickau", der mit einem 200-PS-Achtzylinder-Dieselmotor von Humboldt-Deutz ausgerüstet war und 1938 vorgestellt wurde. Der Frontlenker verfügte über zwei gelenkte Vorder- und zwei mit Schnecken angetriebene Hinterachsen mit Zwillingsbereifung. Der Motor war hinter dem Fahrerhaus angeordnet. Auch eine Schlafkabine war bereits vorhanden. Gedacht war bei der Konstruktion vor allem an den Einsatz auf langen Autobahnstrecken. Für Landstraßen und enge Ortsdurchfahrten war der „L 1500" aufgrund seiner Achsanordnung eher ungeeignet. Gebaut wurden von diesem imposanten Kraftfahrzeug nur zwei Exemplare.

Eine mächtige Erscheinung war auch der Langschnauzer-Dreiachser „L 900D", der zunächst mit einer Leistung von 170 PS angeboten wurde, ab 1939 dann als „L 900 D87" auch den 200-PS-Motor von Humboldt-Deutz eingebaut bekam. Ansonsten kamen auch

Motoren von Maybach, MWM und Junkers zum Einbau.

Kriegsbedingt musste FAUN im Jahre 1940 den Bau von Lastwagen komplett einstellen, um sich ganz auf die Fertigung von Zugmaschinen zu konzentrieren. Die Werksanlagen wurden durch Luftangriffe schwer in Mitleidenschaft gezogen und die Produktion kam zeitweise komplett zum Erliegen.

Nach dem 2. Weltkrieg knüpfte man mit einer Reihe interessanter Entwicklungen an die Vorkriegszeit an. Im Jahre 1946 entstanden zunächst 22 Müllfahrzeuge des Typs M6 mit dem 100-PS-Maybach Vergasermotor, der für die Verwendung von Flüssig- und von Methangas geeignet war. Ein Jahr später kam der M8 dazu, der 8 Kubikmeter Fassungsvermögen hatte. 35 Exemplare dieses Fahrzeugs, dessen besonderes Merkmal das Wechseln des Aufbaus (der Müllwagenaufbau konnte gegen Sprengwagen- oder Fäkalienaufbau getauscht werden), wurden 1947 hergestellt. 1948 gesellte sich wieder ein „richtiger" Lkw zu den Müllwagen. Den 4,5-Tonner F 45 gab es mit einem luftgekühlten Deutz-Motor (90 PS) oder mit einem wassergekühlten 100-PS-Maybach-Triebwerk. 98 Stück wurden hergestellt.

Eine Nummer größer war im Folgejahr der L7, ein 7,5-Tonner mit einem 150 PS starken Deutz-Motor. Dem ZF-Vierganggetriebe war ein Maybach-Schnellganggetriebe zugeschaltet. In der damaligen Werbung bezeichnete man den L7 mit zwei Anhängern gerne als „Güterzug der Landstraße". Er wurde in mehreren Versionen, auch als Frontlenker „L7V" (V = „vorgebauter Sitz"), bis 1951 gebaut. Den ebenfalls 1949 vorgestellten Sechstonner F60 verstärkte man 1950 in der Ladefähigkeit um gut eine Tonne. Er konnte jetzt 7,1 Tonnen Nutzlast befördern und bekam den Zusatznamen „Sepp". Erstmals wurde, noch bevor Magirus auf diesen Motor zurückgriff, der neue

luftgekühlte Deutz-Motor mit 130 Pferdestärken eingebaut. Die Wendigkeit des F60 „Sepp", der für den Schnellverkehr mit niedriger Ladepritsche konzipiert war, erhielt allgemein großes Lob.

Stärkster Typ war in den frühen Fünfzigerjahren der ab 1954 gebaute „L 900K", der als Dreiachser-Muldenkipper bei einer Motorleistung von 180 PS eine Zuladung von 16 Tonnen aufnehmen konnte.

Die neu aufgestellte Bundeswehr orderte in erster Linie Spezialfahrzeuge und Zugmaschinen bei FAUN. Auch weltweit lief das Geschäft mit den Spezialfahrzeugen ausgezeichnet. Dennoch musste auch FAUN schließlich den Lkw-Bau einstellen und die Selbstständigkeit aufgeben. Mit dem weltweit operierenden TADANO-Konzern hat FAUN jedoch einen strategischen Partner für seine Spezialfahrzeuge. Firmensitz ist hier nach wie vor Lauf an der Pegnitz. Die Kommunalfahrzeugsparte läuft eigenständig als FAUN Expotec GmbH und ist in Iserlohn ansässig.

Im Jahre 1987 stellte FAUN die überschwere 3-Achs-Straßenzugmaschine (6x6) Koloss vor, die ihren Namen sicherlich nicht zu Unrecht trägt.

Hanomag

Die Wurzeln der Hannoverschen Maschinenbau AG reichen zurück in das Jahr 1835. Der erste Einstieg in den Bau von Lastkraftfahrzeugen erfolgte aber erst siebzig Jahre später, als man einige Dampf-Lkws und einen Dampf-Omnibus (nach dem „System Stoltz", als Unterlizenz von Krupp) herstellte – und das, obwohl man sich schon ab 1877 mit dem Verbrennungsmotor beschäftige.
Ab 1912 wurden zunächst Motorpflüge gebaut, die eine technische Revolution in der Landwirtschaft darstellten und den Grundstein zum Schlepperbau bei Hanomag darstellten.

1925 folgte schließlich der eigentliche Bau von Nutzfahrzeugen, wobei ein Jahr zuvor in Hannover überhaupt erst der Entschluss fiel, sich dem Automobilsektor zuzuwenden. Das erste Auto war dann das legendäre „Kommissbrot". Von dem rundlichen Kleinwagen, der im November 1924 auf der „Berliner Automobil-Ausstellung" präsentiert wurde,

verließen bald 80 Stück pro Tag die Werkhallen. Bis 1928 waren das 15.800 Autos.

Das erste Nutzfahrzeug bei Hanomag baute schließlich auf dem kleinen Erfolgsmodell auf. Es war ein „Kommissbrot"-Lieferwagen mit Kastenaufbau. Der erste deutsche Frontlenker-Lkw überhaupt kam in 90 Exemplaren auf die Straßen. Der liegend aufgehängte Unterflurmotor war in der Wagenmitte angebracht und leistete rund 60 PS. Aber so richtig kam Hanomags Lkw-Bau in den damals sehr schwierigen wirtschaftlichen Zeiten nicht in Schwung.

Ganz anders verhielt es sich im Schlepper- und Zugmaschinenbereich. Alleine die Straßenzugmaschine SS 100 „Gigant" war aus dem Alltag nicht mehr wegzudenken. Sie wurde von 1935 bis 1945 gebaut und dann wieder ab 1946, jetzt unter der Typ-Bezeichnung ST 100, bis 1950. Über lange Jahre hinweg blieb dieses bewährte Arbeitstier ein gewohnter Anblick. Vor allem Schausteller und Zirkusunternehmen behielten den „Giganten" noch lange Zeit in

Hanomag SS 100 (Großkabine) einer Flugzeug-Bergungskompanie der Luftwaffe im Winter 1939/40

Hanomag Garant mit einem
Aufbau aus Fertigteilen
(1963)

ihrem Fuhrpark, aber typisch war auch das Erscheinungsbild mit zwei Anhängern im Straßenverkehr, zum Beispiel in der Landwirtschaft oder im Einsatz bei Kohletransporten.

Vom Werk aus wurde ein Umbausatz für Zugmaschinen zum Lkw angeboten. 1949 gab es den „Giganten" mit einer kurzen Verlängerung auch serienmäßig als Kipper. In 164 Exemplaren baute man auch eine Variante mit langem Rahmen und verkürztem Fahrerhaus als Typ HD 5N, ohne das Projekt jedoch langfristig weiterzuverfolgen. Im gleichen Zeitraum beschloss der Hanomag-Vorstand, die Pkw-Fertigung nicht wieder aufzunehmen. Man wollte sich ganz auf die

Produktion von Schleppern und Nutzfahrzeugen konzentrieren.

Als erstes Lkw-Modell erschien im Jahre 1950 mit dem Typ L 28 ein 1,5-Tonnen-Schnelllaster, dessen 45-PS-Kleindieselmotor nach dem Vorkammerverfahren arbeitete. Der gleiche Motor kam, mit gedrosselter Drehzahl, auch in den Hanomag-Schleppern zum Einbau. Die Typbezeichnung leitete sich vom Hubraum (2.799 Kubikzentimeter) ab. Ähnlich wie bei anderen Marken auch bekam der Hanomag dieser Generation eine „Alligatorhaube" im amerikanischen Stil. Der Konstrukteur des L 28 war Carl Pollich, der Mann, der auch das „Kommissbrot" entwickelt hatte.

Beliebtes Nutzfahrzeug in der Klasse bis 3 Tonnen war ab 1953/54 der Hanomag L 28. Hier als Kastenwagen.

Besondere Beachtung fanden in den Jahren 1953 und 1954 die Typen L 28/2,5/65 und L 28/3/70, da sie Dieselmotoren mit einem Roots-Gebläse besaßen. Es handelte sich dabei um eine mechanische Form der Aufladung, mit der eine Leistungssteigerung von 20 PS möglich war. Etwas aus dem Rahmen fiel der L 28 „Pick Up". Ihn kennzeichnete eine 0,75-Tonnen-Stahlpritsche auf einem verkürzten Fahrgestell. Aufgrund der geringen Abmessungen war dieses Fahrzeug ausgesprochen wendig. Bis 1958 wurden 55.732 Fahrzeuge gebaut. Aufbauend auf dem L 28 erschien 1955 der Allrad-Typ AL 70 (auch AL 28/1,5); zunächst mit dem 65-PS-Motor, etwas später mit dem 70-PS-Gebläse-Motor ausgerüstet. Der Fahrgestellrahmen war aufgrund einer X-Traversenkonstruktion verwindungsfrei. Einzelbereifung, Verteilergetriebe und Zapfwelle sorgten für eine ausgezeichnete Geländegängigkeit. Gute Kunden waren unter anderem der Bundesgrenzschutz, das THW, sowie Bundesbahn und Bundespost. Insgesamt liefen 2.465 dieses Typs der er-

sten Serie bis zum Ende der Fünfzigerjahre von den Bändern. 1963 erschien eine modifizierte Version, von der nochmals 2.473 Diesel-Fahrzeuge und 523 Exemplare mit einem Vergasermotor gebaut wurden.

1957/58 änderten sich die geschäftlichen Strukturen. Hanomag wurde Tochter des Rhein-Stahl-Konzerns. In diese Phase fiel auch die Überarbeitung der bestehenden Modellpalette. Die geteilten Frontscheiben verschwanden und seitliche Eckfenster sorgten für eine bessere Sicht in den Fahrerkabinen.

Carl Pollich, der Konstrukteur vom „Kommissbrot" und L 28, schuf auch das neueste Modell, den Hanomag „Kurier", der 1958 vorgestellt wurde. Den Namen hatte man vom erfolgreichen Pkw-Modell aus der Vorkriegszeit übernommen – und der „Kurier"-Lkw, von dem es im Laufe der folgenden Jahre verschiedene Weiterentwicklungen gab, machte seinem Namen alle Ehre: Bis zum Jahre 1967 wurden 62.459 Stück gebaut.

Angetrieben vom einem 50-PS-Motor, der unter dem Mittelsitz angebracht war, hatte dieser Zweitonnen-Laster ein Viergang-Vollsynchrongetriebe mit Lenkradschaltung, die seinerzeit bei Personenwagen voll im Trend, bei Lkw aber ungewöhnlich war. Das dreisitzige Fahrerhaus war rundum verglast. Grundsätzlich sind der Fahrkomfort, im Einklang mit den guten Fahreigenschaften, sowie der kleine Wendekreis hervorzuheben – Dinge, die den „Kurier" recht bald in die Erfolgsspur brachten. Sein etwas größerer Bruder, der „Garant", löste 1959 den L 28/2,5 als 2,5-Tonner ab. Seinen Antrieb besorgte zuerst der aufgeladene 65-PS-Motor, danach kam der 70-PS-Motor zum Einbau.

Kurz nach dem „Garant" erschien ein weiterer Bruder des „Kurier" auf dem Markt, der wiederum etwas größere „Markant" mit 3,2 Tonnen; als Ersatz für den L 28/3. Merkmale von „Kurier", „Garant" und „Markant" waren ein identisches Fahrerhaus und jeweils die Varianten Pritsche, Kofferwagen und Kipper.

1960 erschien der „Kurier II" als Kastenwagen. Er hatte eine kantigere Vorderfront mit größerer Panoramascheibe. Der Rahmen bestand im Gegensatz zum Pritschenwagen hier aus U-Profilen.

Aufgrund der totalen Auslastung im Werk Hannover-Linden erwarb man 1961 die durch Insolvenz frei gewordenen Borgward-Werkshallen in Bremen-Sebaldsbrück und verlagerte die Schnelllaster-Produktion, und auch die Fertigung der Kleintransporter, dorthin. In Hannover verblieben neben der Verwaltung nur die Konstruktions- und die Motorenabteilung. Gebaut wurden im Stammwerk Raupen Traktoren und Baumaschinen sowie zeitweise die Lizenzfertigung des Schützenpanzers HS 30 für die Bundeswehr. Von Borgward kam der Motorenkonstrukteur Karl Ludwig Brandt nach Hannover und wurde nun Chef der Motorenentwicklung bei Hanomag.

Als erstes Ergebnis erschien 1963 ein 1,8-Liter-Vergasermotor mit einer Leistung von 60 PS, der wahlweise eingebaut werden konnte, um dem Konkurrenten Opel „Blitz" ein vergleichbares Triebwerk entgegenzusetzen. Brandt hatte den gleichen Motor auch in einer Dieselversion entwickelt. Er sollte ursprünglich im Pkw Borgward „Isabella" zum Einsatz kommen. Nachdem Borgward ja nun nicht mehr bestand, verwendete man diesen Motor in einer gedrosselten Version im Hanomag-Schlepper „Perfekt 400".

Ab 1963 ersetzte der ehemalige Borgward 70-PS-Dieselmotor mit dem Ricardo-Wirbelkammerverfahren den Motor mit dem Roots-Gebläse. Dieser in jeder Hinsicht ausgezeichnete Motor konnte gegenüber dem Vorgänger wesentlich kostengünstiger produziert werden. Der alte 2,8-Liter-Motor blieb aber dennoch in Produktion und wurde für die Geländefahrzeuge weiter entwickelt; als Vergaser mit 63/70 Pferdestärken.

Den Hanomag L 28 gab es natürlich auch mit Feuerwehraufbau.

Noch bis weit in die sechziger Jahre hinein war die Hanomag-Zugmaschine des Typs SS 100 bzw. ST 100 nicht aus dem Alltagsbetrieb wegzudenken. Vor allem Schaustellerbetriebe und Zirkusunternehmen schätzten ihre Zuverlässigkeit.

Im April 1967 brachte Hanomag die erfolgreiche „F-Reihe" auf den Markt, die nach dem Baukastensystem aufgebaut war

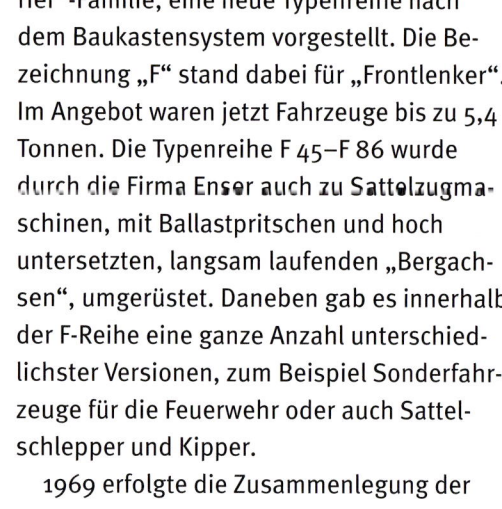

Im Jahre 1965 übernahm Hanomag die Tempo-Werke in Hamburg-Harburg, mit denen es bereits seit 1955 eine Zusammenarbeit gegeben hatte, und konnte nun Nutzfahrzeuge von 1–3 Tonnen anbieten. 1967 wurde, als Nachfolger der erfolgreichen „Ku-rier"-Familie, eine neue Typenreihe nach dem Baukastensystem vorgestellt. Die Bezeichnung „F" stand dabei für „Frontlenker". Im Angebot waren jetzt Fahrzeuge bis zu 5,4 Tonnen. Die Typenreihe F 45–F 86 wurde durch die Firma Enser auch zu Sattelzugmaschinen, mit Ballastpritschen und hoch untersetzten, langsam laufenden „Bergachsen", umgerüstet. Daneben gab es innerhalb der F-Reihe eine ganze Anzahl unterschiedlichster Versionen, zum Beispiel Sonderfahrzeuge für die Feuerwehr oder auch Sattelschlepper und Kipper.

1969 erfolgte die Zusammenlegung der Hanomag-Werke mit der Firma Henschel zur Hanomag-Henschel Fahrzeugwerke GmbH (HHF). Das Bremer Werk wurde seitens der Firma Rhein-Stahl ausgegliedert. Ein Jahr später erwarb die Daimler-Benz AG 51 Prozent der Gesellschaftsanteile und übernahm kurz darauf im Jahr 1970 schließlich den kompletten Nutzfahrzeugbau. 1973/1974 liefen die letzten Hanomag-Lastwagen vom Band.

Henschel

Die Firma Henschel blickte bereits auf eine lange Tradition als Hersteller von Lokomotiven zurück, bevor man sich in der Zeit nach dem 1. Weltkrieg, auf der Suche nach neuen Märkten, auch dem Lkw-Bau zuwandte.

Die Ursprünge des Unternehmens gingen bis ins 18. Jahrhundert zurück, als der Gründer Georg Christian Henschel zunächst als Teilhaber in eine Glocken- und Geschützgießerei eintrat, die er später übernahm. Im Juni 1810 wurde seine Firma in Kassel eingetragen. Sein Sohn Carl Anton war dem Verkehrswesen gegenüber sehr aufgeschlossen und erkannte die Möglichkeiten der Zukunft, vor allem im Hinblick auf den Dampfantrieb. Bereits 1816 entstanden Pläne von einer Dampfmaschine für einen Dampfwagen, die aber verworfen wurden.

Erneut zeigte einige Jahre später ein Sohn Weitblick: Unter der Leitung von Georg Alexander Carl Henschel entstand 1848 die erste Lokomotive. Obwohl auf diesem Sektor sehr erfolgreich, fuhr man im wahrsten Sinne des Wortes nicht eingleisig, sondern setzte auch auf die Herstellung von Eisenbahnmaterial und den Maschinenbau, der neben dem Lokomotivbau zum tragenden Element der aufstrebenden Firma wurde. 1873 feierte man die Herstellung der 500. Dampflokomotive in Kassel, zur Hundertjahrfeier 1910 verließ die Lokomotive mit der Produktionsnummer 10.000 die Werkshallen.

Bis weit in den 1. Weltkrieg hinein boomte bei Henschel der Lokomotivbau und noch 1918 wurde in Kassel-Mittelfeld ein neues Werk in Betrieb genommen. Trotzdem dachte Firmeninhaber Carl Anton Theodor Henschel bereits an die Zukunft und trug sich mit dem Gedanken, zusätzlich auch Kraftfahrzeuge zu bauen. Die wirtschaftliche Entwicklung zu Beginn der zwanziger Jahre sollte ihm recht geben; denn ab 1923 gingen die Lokomotivbestellungen drastisch zurück und Henschel, der zu diesem Zeitpunkt über 2.000 Mitarbeiter beschäftigte, brauchte dringend eine neue Auslastung für seine Produktionsstätten. Als er 1924 starb, wandte sich sein Sohn Oskar Robert Henschel dem neuen Fertigungsgebiet zu.

Ins Auge gefasst wurde der Bau von Lastwagen. Dazu boten sich zwei Möglichkeiten an: selbst zu konstruieren oder mit einem erfahrenen Lkw-Hersteller zu kooperieren und eine ausgereifte Konstruktion, die frei von Kinderkrankheiten war, zu übernehmen. Henschel, als Neuling in diesem Industriezweig, entschied sich für die Lizenzfertigung eines bewährten Musters. Als die Entschei-

Wie in den Fünfzigern: In Schwarz-Weiß fotografiert, wirkt dieser restaurierte Henschel-Hängerzug absolut authentisch.

dung bekannt wurde, gingen in Kassel hunderte von in- und ausländischen Angeboten ein. Henschel nahm schließlich Kontakt zu der Schweizer Firma FBW (Franz Brozincevik & Co.) auf, deren Lastwagen einen ausgezeichneten Ruf besaßen. Ihre Merkmale waren Kardanantrieb und Motorbremse; in einer Zeit, als der Kettenantrieb noch vorherrschte. Schnell wurde Henschel mit dem Schweizer Unternehmen handelseinig und bald rollte der bewährte Typ „Rex" auch auf deutschen Straßen. Bei den Fahrzeugen der ersten Serie kam ein 50-PS-Vierzylinder-Einblockmotor mit von unten gesteuerten, hängenden Ventilen zum Einbau. Auf Wunsch war dieser Lkw auch mit einer hydraulischen Dreiseitenkippanlage lieferbar.

Die Henschel-Lastwagenabteilung unter der Leitung von Dr.-Ing. Richard Fichtner (1878–1937) erweiterte nun rasch das Produktionsprogramm. Schon im Jahre 1926 wurde ein 3-Tonner auf den Markt gebracht, 1928 folgte ein Dreiachser-Lkw und ein 6-Zylinder-Motor. Zwei Jahre später, auf der „Automobilausstellung 1930" erregte ein Henschel Dreiachser Aufsehen, der mit einem 250-PS-Zwölfzylinder-Doppelmotor

ausgerüstet war. Dieser Motor hatte zwei Kurbelwellen, aber nur eine Nockenwelle. Gleichzeitig wurde der erste Henschel Dieselmotor vorgestellt, der nach dem Arco-Luftspeicherverfahren von Dr. Franz Lang arbeitete. 1932 ging man dann auf das „Lanova-Verfahren" über, das ebenfalls von Dr. Lang entwickelt war. Auf dem Gebiet der geländegängigen Lkw war Henschel in gewisser Hinsicht Vorreiter; denn ein bereits 1928 vorgestellter Dreiachs-Lkw wurde ein paar Jahre später zum Ausgangspunkt für die Einheitsdiesel der Deutschen Wehrmacht.

Da Henschel als großes Unternehmen der Maschinenbaubranche in der Lage war, viele Dinge selbst herzustellen, war die Angebotspalette entsprechend umfangreich. Es waren spezielle Langeisentransporter, Sattelschlepper und Fernlastzüge mit Schlafkabine im Lieferprogramm. Auch Tankwagen, vom Chassis bis zu den Armaturen aus eigener Fertigung, wurden angeboten. Ein besonderes Thema sind die Henschel Dampf-Lkws, denen ein besonderes Kapitel gewidmet ist.

1929 stellte man mit den Typen 3E1 und 4E1 neue Drei- und Viertonner vor. Ein besonders interessantes Fahrzeug entstand

Dieser Henschel Dampf-Lastzug von 1934 trug an beiden Hinterachsen je eine Dampfmaschine mit einer Gesamtleistung von rund 240 PS. Aufgrund der enormen Abdampfmenge musste zusätzlich zu den seitlichen Kondensatoren noch ein Zusatzkondensator vor der Stirnwand angebracht werden.

1930/31 mit dem Dreiachser Typ 35F3, den es unter anderem in einer „Doppelmotor-Version" mit 250 PS gab. Dabei wirkten zwei Sechszylindermotoren über eine Kardanwelle auf die Hinterachsen. Eine gemeinsame Nockenwelle sorgte für den erforderlichen Gleichlauf der in ein Zylindergehäuse gegossenen Antriebsaggregate.

Die beiden Kurbelwellen waren durch winkelverzahnte Räder verbunden. An den Spitzen der zwei übereinander liegenden Federpakete, die in ihrer Mitte am Rahmen befestigt waren, wurden die Achsen abgestützt. Die frei schwingenden Achsen hatten in brillenförmigen Öffnungen einen ausreichenden Bewegungsspielraum. Das ermöglichte gleichzeitig eine niedrige Bauart. Das spezielle „Hochgang-Getriebe" stammte ebenfalls aus eigener Fertigung. Damit sollte ermöglicht werden, die Motoren möglichst immer im niedrigen Drehzahlbereich zu fahren. Dieser imposante 8,5-Tonner war zu Beginn der Dreißigerjahre das stärkste Nutzfahrzeug auf dem deutschen Markt und die Sensation auf der „Internationalen Automobilausstellung 1931".

Neue Motorentechnik
Seit 1929 unternahm man bei Henschel Versuche mit Acro-Dieselmotoren, die 1931 zur Fertigung eigener Triebwerke führten, wobei man mit der Lizenzherstellung eines Sechszylindermotors (Leistung 100 PS) begann. Es handelte sich dabei um einen Luftspeichermotor nach der Bosch-Acro Technik. Konstrukteur war der frühere MAN-Ingenieur Dr. Franz Lang. Der Motor besaß einen Luftspeichergang, in den von unten her die Einspritzdüse gegen die hochverdichtete und entgegen strömende Luft den Ölstrahl zur Initialzündung einspritzte. Die Kolben besaßen einen muldenförmigen Kammereinsatz. Eine weiche Zündung bei einer geringen Verdichtung von 12:1 und eine niedrige Drehzahl von 1.300 Umdrehungen zeichneten

diese Motoren aus, die es später auch mit 80 PS Leistung gab.

Franz Lang hatte sein Patent an die American Crude Oil Corporation (Acro), ansässig im schweizerischen Küssnacht, verkauft, von der es dann Bosch übernahm. In seiner 1922 in München gegründeten Süddeutschen Motoren AG entwickelte Lang ein neues Luftspeicherverfahren, das den Namen „Lanova" erhielt (= Lang + nova). Dabei war der Luftspeicher mit dem Brennraum, der aus zwei nebeneinander liegenden Räumen mit kreisförmigem Querschnitt bestand, verbunden. Der eingespritzte Brennstoffstrahl gelangte zum Teil in den Vor- und Hauptluftspeicher. Die Verbrennung der Gemischteile erzeugte dort einen starken Druckanstieg. Dadurch wurde der Speicherinhalt in den Hauptverbrennungsraum hinaus geblasen und erzeugte dort zwei Kreiswirbel in entgegengesetzter Richtung. Die dadurch erfolgte Vermischung der Luft- und Ölteilchen sorgte für eine ausgesprochen gute Verbrennung. Um den Anlassvorgang zur erleichtern, konnte der Hauptspeicher geschlossen werden.

Bereits 1932 übernahm Henschel das „Lanova-Verfahren", das dann bis in die Sechzigerjahre beibehalten wurde. Neben den neuen Dieselmotoren wurde aber auch der Bau von Vergasermotoren beibehalten. Beginnend mit den Vierzylindern ging man auf kleinvolumigere Motoren über, dessen kleinste Variante (60 PS) im 2,5-Tonner mit 250 Liter angeboten wurde. Neben einer Gemeinschaftsentwicklung für das Militär, unter der Beteiligung von MAN und Hansa-Lloyd, entstand 1935/36 der Typ 36W3 mit einem 175-PS-Achtzylinder-Dieselmotor (in Reihe). Dabei handelte es sich um einen 8,5-Tonnen-Dreiachser, der als Lastzug mit einem ebenfalls dreiachsigen Anhänger 18,5 Tonnen Nutzlast befördern konnte. Konstrukteur dieses beeindruckenden Fahrzeugs war Paul Filehr. Das Triebwerk war der erste Acht-

Henschel Typ 6 J als schie-nengängiger Lkw/Behelfs-triebwagen der Feldeisen-bahntruppen der Deutschen Wehrmacht

zylinder-Dieselmotor, der im deutschen Nutzfahrzeugbau eingesetzt wurde.

In der zweiten Hälfte der Dreißigerjahre veränderte sich das Erscheinungsbild der Henschel-Lkw. Die Fahrerhäuser, Hauben und Kotflügel wurden deutlich abgerundet. Fast alle Fahrzeuge waren nun wahlweise mit Vergaser- oder mit Dieselmotoren erhältlich und 1939 erhielten alle Henschel-Lkws ein Fünfgang-Getriebe. Ebenso wurde nun bei allen Modellen die Fußbremse mit Druckluft betätigt und die Handbremse wirkte auf die Hinterräder und nicht mehr auf das Getriebe.

Infolge des „Schell-Programms" zur Typen-Vereinheitlichung für die Kriegsver-wendung wurde Henschel auferlegt, ab 1939 nur noch einen 4,5-Tonner zu bauen. Es han-delte sich dabei um eine Neuentwicklung mit der Bezeichnung „Merkur 4500", der mit einem 125-PS-Sechszylindermotor ausgerüs-tet war. Dieses sehr moderne Fahrzeug wurde kriegsbedingt auch mit Imbert-Holz-gasgeneratoren versehen, was natürlich die

Leistungsfähigkeit drastisch einschränkte. Ursprünglich plante man auf der Grundlage des 4,5-Tonners noch einen 6,5-Tonner zu entwickeln und richtete dazu mit Klöckner-Humboldt-Deutz, MAN und Saurer (Wien) ein gemeinsames Konstruktionsbüro in Frank-furt ein. Zur Verwirklichung dieses Projektes ist es aber nicht mehr gekommen.

Wie fast alle deutschen Werke der Kraftfahr-zeugindustrie waren auch die Henschel-Ferti-gungsstätten in Kassel-Mittelfeld von den Kriegseinwirkungen schwer in Mitleidenschaft gezogen worden. 80 Prozent des Stammwerks lagen in Schutt und Asche. Die Anlagen waren bereits am 3. April 1945 von US-Truppen be-setzt worden. Seitens der amerikanischen Be-satzungsmacht wurden zunächst nur Geneh-migungen für Aufräum- und Reparaturarbeiten erteilt. An die Aufnahme der Produktion war nicht zu denken. Im Gegenteil, man trennte den Bereich „Nutzfahrzeugbau" vom Werk ab und gründete dafür einen unter Kontrolle ste-henden Staatsbetrieb, die „Hessia" (Hessische Industrie- und Handels-GmbH). Hier durfte man ab 1946 Lkw-Reparaturen durchführen und Dieselmotoren (maximale Leistung: 100 PS) entwickeln, aber nicht bauen. Diese neuen Motoren bauten auf dem erfolgreich entwickelten Lanova-Luftspeichersystem der Vorkriegszeit auf und da man selbst noch keine Fahrzeuge bauen durfte, hoffte man auf Aufträge für Einbaumotoren.

Zum Wiederaufbau waren dringend Lastkraftwagen nötig, die aber nicht annähernd in ausreichender Menge zur Verfügung standen. Auch die langsam wieder anlaufende Neuproduktion (bei Ford und Büssing) konnte die Lücken nicht schließen.

Um den Fahrzeugmangel etwas abzuschwächen, gaben die Westalliierten Militärlaster an die Privatwirtschaft ab. Allerdings ließen sich die meisten dieser Lkws nicht direkt für den erforderlichen Zweck einsetzen, sondern mussten den Erfordernissen angepasst werden.

Davon profitierte auch Henschel. Die ausgegliederte „Hessia" kehrte am 1. Januar 1948 nach Kassel zurück und in den alten Werkshallen konnte wieder mit dem Fahr-

zeugbau begonnen werden. Eine Henschel-Spezialität war der Umbau von GMC-Lastern der Drei- und Fünftonnenklasse. Die verbrauchsintensiven Benzinmotoren dieser US-Fahrzeuge wurden gegen Dieselmotoren des Typs 511 ausgetauscht, die ab 1946 in Kassel gefertigt werden durften. Es handelte sich dabei um einen GMC-Motor, der 75 PS leistete. Später folgte der Typ 512 DA, bei dem ein Henschel Motorblock und Teile vom GMC-Motor kombiniert wurden. Die Leistung dieses Aggregats betrug bereits 85 PS. 1948 wurde dann der 512 DG vorgestellt, eine Henschel-Lanova-Konstruktion mit sechs Zylindern und einer Leistung von 100 PS bei 2.400 U/min. Neben den Sechszylindern wurden auch Vier- und Zweizylindermotoren (sogar ein Einzylindermotor für Straßenwalzen war dabei) angeboten, die vielseitige Verwendung fanden; unter anderem wurden sie in Opel- und Ford-Lastwagen eingebaut, aber auch in Baumaschinen und Kleinlokomotiven von Feldbahnen. Im gleichen Jahr wurde das Bauverbot für Lkws aufgehoben.

Als erster Nachkriegslastwagen wurde 1949 der HS 6 präsentiert. Sein 8,6-Liter-

Die Deutsche Reichsbahn war der größte Abnehmer für die Henschel-Dampflaster. Hier Fahrzeuge der ersten Generation.

Imposante Erscheinung: Henschel HS 170 Tankzug mit Fernverkehrskabine

Solche Henschel-Hänger-züge gehörten in den Fünf-ziger- und Sechzigerjahren zum Alltagsbild auf deut-schen Baustellen.

(anstelle von 18 Prozent) enthielt, konnte ein bis dahin ungewöhnlich ruhiger und damit auch wirtschaftlicher Lauf erreicht werden. Bei dem leicht zu bedienenden Doppel-Vier-ganggetriebe waren der 3. und 4. Gang synchronisiert. Zu jedem Gang gab es eine Schnellstufe, die ohne Kupplungsbetätigung durch einen Hebel am Lenkrad vorgewählt werden konnte, sodass insgesamt acht Gänge zur Verfügung standen. Das Durch-schalten ging durch Gasgeben und Gasweg-nehmen vonstatten.

Neben einer Reihe anderer technischer Merkmale fiel das bequeme, wohnliche Fah-rerhaus auf. Erwähnt sei auch die Anordnung des Reserverades auf einem abklappbaren Führungsschlitten, der beim Radwechsel viel Mühe ersparte. Die breiten Stoßstangen mit den aufgesetzten Scheinwerfern gaben dem HS 6 sein charakteristisches Aussehen. Das galt auch für seinen „Nachfolger" HS 140, den überarbeiteten HS 6. Ein interessantes, wenngleich in gewisser Hinsicht überholtes, Fahrzeug war der 1951 vorgestellte „Bimot-Sattelschlepper", der mit einem Ellinghaus-Tankauflieger für die ESSO gebaut wurde. Diese Konstruktion, vom Bimot-Bus abgelei-tet, war mit zwei, jeweils 95 PS starken,

Sechszylindermotor mit einer Leistung von 140 PS baute auf den Erfahrungen mit dem 95-PS-Sechszylinder auf. Mit dem Henschel-Lanova-Energiespeicherverfahren, das gegenüber dem ursprünglichen Lanova-Ver-fahren unter dem Auslassventil einen Raum für die Verbrennung enthielt, der als Luft-speicher 6,5 Prozent der komprimierten Luft

Dieselmotoren des Typs 512 DG ausgerüstet. Nachdem in Deutschland die 100-PS-Begrenzung aufgehoben war, wäre die komplizierte Motorkombination eigentlich nicht mehr erforderlich gewesen, die zudem technische Probleme bereitete. Vor allem optisch wirkte der ESSO-Tanker, bedingt durch die runden Formen, sehr modern. Es wurden aber nur zwei dieser Sattelschlepper-Zugmaschinen sowie einige Kofferfahrzeuge hergestellt. Den Kunden war der „Bimot" zu teuer und technisch zu kompliziert.

Als wahrer Erfolgstyp erwies sich dann der ebenfalls 1951 vorgestellte HS 100 4,5-Tonner, der zehn Jahre lang im Verkaufsprogramm blieb. Im Jahre 1953 bot Henschel mit den Typen HS 115 und HS 170T erstmals Frontlenkerfahrzeuge an. Das „T" beim Frontlenker stand für „Trambus-Bauweise". Insgesamt brachte das Unternehmen in den Fünfzigern eine Vielzahl interessanter Typen auf den Markt. 1956 geriet man jedoch, bedingt durch den Rückgang des Lokomotivgeschäftes, in ernste finanzielle Schwierigkeiten, denen man aber unter anderem durch die Hilfe des andes Hessen begegnen konnte.

In den Sechzigerjahren erregte Henschel mit einer völlig neuen Baureihe von Schwerfahrzeugen Aufsehen, nicht zuletzt wegen der kantigen Formen und geraden Flächen. Die Typ-Bezeichnungen bezogen sich nun auf das Gesamtgewicht und nicht mehr auf die Motorleistung.

Henschel schielte mit seinen Modellen auch zunehmend auf den wachsenden europäischen Markt und lotete dahingehend Möglichkeiten aus. Eine Zusammenarbeit mit Saviem (F) scheiterte allerdings und auch eine Kooperation mit der britischen Roots-Gruppe war nicht von Erfolg gekrönt. 1965 stieg dann Rhein-Stahl bei Henschel ein und brachte mit Hanomag gleich einen weiteren Nutzfahrzeughersteller mit. Auf dem Kühlergrill der neuen Generation stand

nun der Doppelname „Hanomag-Henschel". Henschel bot zur Mitte der Sechzigerjahre etwa fünfzig verschiedene Lastwagen-Varianten an. Darunter befanden sich zum Beispiel auch vierachsige Transportbetonmischer. Ein gegen Ende des Jahrzehnts eingeleiteter Modernisierungsprozess führte zu grossen Investitionen, die finanziell nicht so einfach zu verkraften waren, technisch jedoch die Weichen für die Zukunft stellen sollten. So hatte man in Kassel die modernste Gesenkschmiede für Achsen in ganz Deutschland.

1969 verliessen insgesamt 5.319 Fahrzeuge die Werksfließbänder. Doch dieses, aus Sicht der Absatzzahlen recht erfolgreiche Jahr sollte jedoch zum Schicksalsjahr für Henschel werden; denn Daimler-Benz erwarb mit 51 Prozent die Aktienmehrheit und entgegen der zunächst gemachten Zusage eines zweiten Produktionszweiges liefen 1974 die letzten Henschel-Lastwagen von den Kasseler Fließbändern – mit dem Stern am Kühler.

Dieser Hanomag-Henschel F 221 trägt einen Spezialaufbau als Steintransporter und ist mit einem Atlas-Ladekran ausgerüstet.

Prospekttitel für den IFA H 3 A. „Robust – leistungsfähig – zuverlässig!", so die weitere Werbung im Innenteil.

IFA – Geschichte der DDR-Lastwagen

Die unmittelbare Zeit nach dem 2. Weltkrieg war geprägt durch die Zerstörungen aller Art, den Mangel an Konsumgütern und die Ungewissheit der Menschen, was die Zukunft wohl bringen würde.

In den westlichen Besatzungszonen ging es nach einer gewissen Übergangszeit bald wieder aufwärts, wenngleich in einem bescheidenen Rahmen. Not und Elend blieben noch für eine ganze Weile Begleiter der Menschen. Doch im Westen hatten die Besatzer erkannt, dass man die Produktion baldmöglichst wieder in Gang setzen musste, um das am Boden liegende Deutschland aufzubauen. Eine ganz wichtige Rolle spielten dabei Nutzfahrzeuge. Sie waren unerlässlich für den Wiederaufbau und den Transport der Güter, zumal auch das Schienennetz zu großen Teilen zerstört war.

Mit Sondergenehmigungen und unter Aufsicht und Auflagen durften die meisten Fahrzeugwerke, je nach den Möglichkeiten die der jeweilige Zerstörungsgrad zuließ, ihre Fertigung wieder aufnehmen – Ford beispielsweise schon am Tag der Kapitulation, dem 8. Mai 1945.

Anders sah es im sowjetischen Machtbereich aus. Plünderungen waren direkt nach dem Einmarsch an der Tagesordnung und die Rote Armee ließ alles demontieren und abtransportieren, was noch irgendwie verwendungsfähig schien. Dabei war es gleichgültig, ob es in der Sowjetunion überhaupt zu gebrauchen war oder nicht.

Doch wie im Westen, so war auch im Osten ein ungebrochener Aufbauwille vorhanden. Wie sollte es sonst auch weitergehen? Vor dem 2. Weltkrieg bauten auf dem Gebiet der „SBZ" sechs Firmen Nutzfahrzeuge: DKW in Zschopau, Framo in Hainichen, Opel in Brandenburg, Ostner in Dresden, Phänomen in Zittau und VOMAG in Plauen.

Das hochmoderne Opel-Werk in Brandenburg war durch Zerstörung (Bombenangriffe) und Demontage (Rote Armee) praktisch nicht mehr vorhanden und bei VOMAG, dessen Produktionsanlagen zu Beginn des Krieges unter der Leitung des ehemaligen Opel-Direktors Grewenig auf einen ähnlichen Stand gebracht worden waren, sah es genauso aus.

Phänomen oder Robur? Granit oder Garant? Bedingt durch Änderungen sowohl beim Markennamen als auch bei der Typbezeichnung ist der feine Unterschied nur anhand des Schriftzuges an der Fahrzeugfront auszumachen. Gebaut wurde der beliebte DDR-Kleinlaster zwischen 1955 und 1961.

Ohne Fachkräfte und das entsprechende technische Wissen und ohne geeignete Produktionsanlagen sah es auch nach der Stunde null ausgesprochen düster aus, was eine mögliche Fahrzeugfertigung in der „Ostzone" anging. Dennoch – allen Problemen zum Trotz ging es voran. Das ehemalige Horch-Werk in Zwickau bekam noch 1945 den optimistisch klingenden Namen „Sächsisches Aufbauwerk GmbH" und begann ab 1946 mit der Herstellung des Dreitonners H 3.

Zu Beginn der Fünfzigerjahre stellte die DDR-Führung einen Fünfjahresplan auf, der für die Kraftfahrzeugwirtschaft eine Steigerung von 165 Prozent (!) vorsah. Gleichzeitig musste man jedoch zugeben, dass noch eine Fülle von Engpässen die geplante Entwicklung hemmen würde.

Die Hauptprobleme: ein Mangel an Feinblechen, nicht ausreichende Reifenproduktion, mangelhafte Kraftstoffversorgung und grundsätzliche Qualitätsmängel.

Neben den Materialengpässen gab es noch ein anderes gravierendes Problem: Es fehlte die entsprechenden Werkzeugmaschinen für die Produktion. Daher war man gezwungen, den nach modernen Gesichtspunkten betrachtet schon recht betagten

Fahrzeugbestand durch Pflegemaßnahmen zu erhalten. Aufwendige Generalüberholungen sollten durch regelmäßige Kontrollen und, parallel dazu, durch sofortige kleinere Reparaturen ersetzt werden. Somit hoffte man, die dringend benötigten Fahrzeuge nicht langfristig aus dem Einsatz ziehen zu müssen. Zur Durchführung dieser Instandhaltungsmaßnahmen erfolgte eine Spezialisierung von Werkstätten auf bestimmte Fahrzeugtypen und ebenso auf bestimmte Arbeiten. Eine ausreichende Versorgung mit den benötigten Ersatzteilen war allerdings eine wichtige Voraussetzung dazu, denn das Durchschnittsalter der Nutzfahrzeuge betrug Anfang der Fünfzigerjahre bereits circa 15

Der Framo/Barkas V 901 war in seinen unterschiedlichen Varianten ab den fünfziger Jahren ein weit verbreiteter Kleinlaster auf den Straßen der DDR.

Der H 3 A trug zunächst noch seinen Traditions-namen Horch. Er wurde ab 1950 in der traditionellen Haubenbauweise gebaut und beherrschte über Jahrzehnte das ostdeutsche Straßenbild.

Jahre. Sieht man die damals noch recht kurzen Wartungsintervalle bei normalem Betrieb in Relation zur außergewöhnlichen Belastung der Fahrzeuge, so wird das zu lösende Problem noch deutlicher.

Zwei weitere Engpässe bremsten die Entwicklung des DDR-Straßenverkehrs aus: Ein großer Teil Transportkapazität lag wegen akuten Reifenmangels still und die Versorgung mit Kraftstoff war mehr als unzureichend. Der aus der Kriegszeit bekannte Holzgasgenerator blieb daher noch auf geraume Zeit unverzichtbar.

Viel wurde schon früher, nicht nur im Westen, über die DDR-Wirtschaft gespöttelt. Die „Volkseigene Planung" schien nach dem Motto zu laufen: „Jeder Betrieb stellt mal jedes Produkt her." Was auf den ersten Blick amüsiert, hängt aber damit zusammen, dass aufgrund der ständigen Engpässe immer wieder Kapazitäten verschoben werden mussten. Als Beispiel sei der Produktionsstandort Werdau angeführt: In Werdau wurde 1898 die Sächsische Waggonfabrik gegründet. Zunächst als GmbH eingetragen, erfolgte im Jahr 1907 die Umwandlung in eine Aktiengesellschaft. 1917 entstand durch den Zusammenschluss mit zwei weiteren Firmen die Hermann Schumann AG. Ab 1924 stieg man in den Fahrzeugbau ein. Zunächst

waren es Aufbauten für Omnibusse, ab 1926 wurden für die Berliner Verkehrsbetriebe dann auch komplette Doppelstockbusse gebaut. Im Juni 1928 erfolgte der Zusammenschluss zum Linke-Hofmann-Busch-Konzern (LHB). Bereits 1931 musste das Werk aufgrund der Weltwirtschaftskrise seine Tore wieder schließen. Ein Jahr später gründeten ehemalige Angestellte die Firma als Fahrzeugbau Schumann GmbH neu. Im 2. Weltkrieg blieben die Produktionsstätten unzerstört und wurden zunächst als Reparaturwerkstatt für Militärfahrzeuge genutzt. Der Betrieb wurde anschließend von der sowjetischen Besatzungsmacht geführt und gehörte ab November 1948 als LOWA Waggonbau Werdau VEB wieder zur Sparte Schienenbau.

Die ersten Jahre waren durch Reparationsleistungen geprägt. Man fertigte unter anderem Kabinen und Pritschen für sowjetische ZIS 5 Lkws und andere Typen aus dem Bestand der Roten Armee. Was die ursprünglich gebauten eigenen Fahrzeuge betrifft, so baute man ab 1947 wieder erste Oberleitungsbusse auf noch übrig gebliebene Fahrgestelle auf. Auch Lkw-Chassis hatten die Kriegs- und direkten Nachkriegsturbulenzen überstanden. So konnte man bis 1949 rund 250 neue Fahrerhäuser und Pritschen auf unterschiedliche Lastwagentypen setzen. 1951 stellte man auf der Leipziger Messe eine Straßen-Dampfzugmaschine mit Koksfeuerung vor, deren Leistung 65 PS betrug. Zu einer Serienfertigung dieses Fahrzeugs kam es allerdings nicht.

Am 1. Juli 1952 erfolgte die Eingliederung in den Industrieverband Fahrzeugbau der DDR (IFA). Der neue Name lautete: VEB Kraftfahrzeugwerk „Ernst Grube" Werdau. Gemäß der damaligen Planung sollten in Werdau mittelschwere Lastkraftwagen und Busse hergestellt werden.

Als erstes Baumuster entstand der Typ H6, der zwischen März 1948 und Juli 1950 beim zwischenzeitlich verstaatlichten Horch-Werk in Zwickau entwickelt worden war. Die Erprobung des neuen Lkw-Typs oblag dem Fahrzeug-Entwicklungswerk (FEW) Karl-Marx-Stadt. Auf der Leipziger Frühjahrsmesse 1951 wurde der H6 noch mit einem Markenemblem von IFA-Horch präsentiert. Doch noch im November 1951 gingen die Konstruktionsunterlagen nach Werdau, wo man 1952 die Serienfertigung aufnahm. Zunächst baute man den H6-Pritschenlastwagen mit 6,5 Tonnen Nutzlast. Die Motoren kamen vom IFA-Horch-Werk in Zwickau. Es handelte sich dabei um Sechszylinder-Wirbelkammer-Dieselmotoren des Typs EM 6 mit einer Leistung von 120 PS. Neben dem Pritschen-Lkw entstanden später auch Möbelwagen, Ambulanzen, sowie Spezialfahrzeuge mit Kran- und Tankaufbau. Daneben baute man Mulden- und Dreiseitenkipper. Abgerundet wurde die Angebotspalette durch Zugmaschinen und Sattel-

zugmaschinen mit einem verkürzten Radstand. Erwähnt sei auch die Fertigung des Omnibus-Typs H6B.

Bedingt durch Proteste und Unruhen in der Bevölkerung, die im Aufstand des 17. Juni 1953 gipfelten, versuchten die damaligen Machthaber, mit Konsumgütern die Massen wieder zu beruhigen und die Stimmung im Volke wieder zu heben. Ein Projekt war die Entwicklung und der Bau des Kleinwagens „Trabant". Dafür benötigte man in Zwickau dringend Kapazitäten. Daher musste man in Werdau ab 1959 den Bau des Lkw-Typs S4000-1 übernehmen, was die Einstellung der Fertigung für den eignen Typ H6 zur Folge hatte. Als Nachfolgemodell wurde dann noch der „W 50" entwickelt, der 1965

Eine lange Bauzeit war dem IFA W 50 beschert. Seine unterschiedlichen Versionen liefen zwischen 1965 und 1990 vom Band. Hier ein Sattelschlepper mit Großkabine.

Früher im Alltag arg verschlissen, wirkt dieser restaurierte und gepflegte IFA-Hängerzug so, als hätte er soeben das Herstellerwerk verlassen.

IFA H 6 mit 120-PS-Sechs-zylinder-Diesel

im Werk Ludwigsfelde in Serie ging. Interessant hierbei ist, dass man die Entwicklung dieses Fahrzeugs in Werdau mehr oder minder „schwarz" betrieb.

Der Zufall half dann mit, das Projekt zumindest einzuleiten. Im März 1962 hielt Walter Ulbricht auf dem Bauernkongress eine Rede, in der er ganz überraschend einen Fünftonnen-Lastwagen für die Landwirtschaft forderte, um der Versorgungspflicht für die Bevölkerung nachkommen zu können. In Werdau nutzte man die Gunst der Stunde, um an allen staatlichen Entscheidungsträgern vorbei, und mit Unterstützung der Presse, das Projekt „W 50" vorzustellen. Die politische Führung kam dadurch in Zugzwang und stimmte dem Bau des neuen Lastwagens zu. Der W 50 war ein Frontlenker, das „W" stand

für Werdau. An seiner Planungsstätte ging er nie in Serie, dafür wurde auf der Basis des Industriewerkes Ludwigsfelde, in der Nähe von Berlin, eine neue Produktionsstätte für diesen Lkw gebaut. In Werdau lief bis 1964 noch die Fertigung des dreiachsigen Allrad-Lkw G 5, der mit dem 120-PS-Dieselmotor des H 6 ausgerüstet war und in erster Linie für die Nationale Volksarmee (NVA) gebaut wurde. Danach ließ man die Lkw-Produktion in Werdau auslaufen und fertigte ab 1967 nur noch Anhänger und Sattelauflieger.

Spätestens zur Mitte der Sechzigerjahre führte die politische Entwicklung auch dazu, dass viele in der Autoproduktion tätige, und dort dringend benötigte, Fachkräfte in den Westen flüchteten. Hin- und Hergeschiebe der Produktionskapazitäten sorgten bald dafür, dass es mit der Nutzfahrzeugfertigung in der DDR nicht weiter voran ging.

1978 erfolgte eine Gliederung des Kraftfahrzeugbaus in vier Kombinate. Die Produktionsstätte Werdau leitete dabei anfangs das IFA-Kombinat „Spezialaufbauten und Anhänger". Mit Wirkung vom 1. Januar 1984 stellte man jedoch die Fertigung auf Pkw-Teile um und teilte Werdau organisatorisch dem IFA-Kombinat „Personenkraftwagen" zu.

Stolz präsentiert Konstrukteur Heinrich Buschmann mit seinen Werkmeistern den ersten Magirus-Lkw. Die ersten Probefahrten erfolgen im Jahr 1917.

IVECO/Magirus-Deutz

Magirus-Deutz –
Markenzeichen Luftkühlung

Der erste Lastwagen der traditionsreichen Firma Magirus geht auf das Jahr 1916 zurück, als der Oberingenieur (mit Prokura) Heinrich Buschmann mit der Konstruktion eines Dreitonners mit Vierzylinder-Ottomotor begann. Dabei griff er als erster die Empfehlungen des neuen DIN-Normenausschusses auf und führte anstatt der bislang üblichen Zoll-Gewinde die metrischen Maße ein. 1917 absolvierte der „Heereslastwagen 3C1" seine Probefahrten. Der 40 PS starke Motor war eine Eigenentwicklung. Ursprünglich mit Gummibereifung und Kardanantrieb versehen, gelang es nur, die Vorserie so auszurüsten. Durch die Kriegslage und die dadurch verursachte schlechte Rohstofflage gezwungen, bekam der nun „3K1" bezeichnete Typ Kettenantrieb und Eisenräder aufgezwungen. Der „Militärtyp" bekam einen 70 PS starken Motor mit stehenden Ventilen eingebaut, der in zwei Blöcken gefertigt war. Einige wenige Fahrzeuge wurden anfangs in der Ausführung mit Kardanantrieb als Typ „3CS/2" gebaut. Hinter dem Wechselgetriebe war eine Außenbackenbremse mit Wasserkühlung eingebaut und eine an einer Kette hängende seilbetätigte „Bergstütze" sollte das Fahrzeug nach rückwärts an Steigungen absichern. Die Maximalgeschwindigkeit betrug 20 Stundenkilometer. Rund 390 Dreitonner wurden während der Kriegszeit von diesem Fahrzeug gebaut, dazu kamen noch 37 Viertonner des Typs „4K1" mit 55 PS.

Im Jahre 1917 wurde unter dem Namen „Magirus-Werkstätte" ein Zweigwerk eingerichtet und im gleichen Jahr weihte man außerdem vor den Toren Ulms, in Söflingen, das „Werk II" ein.

In den schwierigen Nachkriegsjahren wurden zunächst die Kriegstypen weitergebaut.

Ab 1920 wurde der Typ 3K1 auch als Zweiseitenkipper gefertigt. Die Zahnstangenwinden wurden zum Kippvorgang ausgehängt und an beiden Seiten befestigt. Zur Bedienung der Winden beim Kippen waren dann zwei Männer erforderlich. Der kleinere Typ 2C wurde auch als Hinterkipper angeboten. 1921 stellte man einen 1,5-Tonner vor, der mit dem 26-PS-Motor der bei Magirus gefertigten Feuerspritze ausgerüstet war. Das kleine Fahrzeug war mit elektrischer Beleuchtung ausgestattet, hatte Luftreifen, ein Segeltuchdach und Cellonscheiben. Als Lieferwagen, Kleinomnibus und in Feuerwehrausführung wurden davon 455 Exemplare gefertigt.

Magirus war zwischenzeitlich dem Verkaufskartell „DAK" beigetreten, das die Marken Dux, Presto und VOMAG vertreiben sollte, das aufgrund von Uneinigkeiten zwischen Magirus und VOMAG im Jahre 1926 wieder aufgelöst wurde. 1922 folgte Chefkonstrukteur Heinrich Buschmann einem Ruf als Dozent an die Staatliche Maschinenbauschule in Esslingen. Da man seitens der Werksleitung die Zukunft für den Fahrzeugbau eher düster sah, löste man die Konstruktionsabteilung auf. Um in diesen Krisenzeiten über die Runden zu kommen, hatte man sogar den Bau von Güterwaggons aufgenommen. Dennoch ging der Autobau weiter.

Der erste Magirus, als Heereslastwagen 3C1 typisiert, erhielt in der Vorserienausführung den fortschrittlichen Kardanantrieb und Gummibereifung.

Technisch auffallend stellte sich der 1924 herausgebrachte Typ 2S-V95 „Waldi" vor: Er besaß einen Frontantrieb. Lenkung, Getriebe und Motor waren in einem Antriebskopf vereinigt. Für den Gebrauch im Stadtverkehr hatte man die Ladepritsche extrem niedrig angebracht. Zu einer Serienfertigung dieses interessanten Fahrzeugs kam es jedoch nicht.

Im Jahre 1925 kehrte Heinrich Buschmann, als Professor und Diplom-Ingenieur an die Reißbretter von Magirus zurück; nebenamtlich zwar, aber in voller Verantwortung für den Fahrzeugbau in Ulm.

Ebenfalls 1925 ging aus einem Preisausschreiben als bester Entwurf das „M mit dem stilisierten Ulmer Münsterturm" hervor. Es wurde in die Warenzeichenrolle des Patentamtes eingetragen und in verschiedenen Abwandlungen zum echten Markenzeichen.

Mittlerweile war auch wieder Bewegung in die Wirtschaft gekommen. Es waren größere und leistungsfähigere Fahrzeuge gefragt, die gleichzeitig wirtschaftlich sein mussten. In Ermangelung eines eigenen Triebwerkes wich man auf Maybach-Sechszylinder aus, die in Lizenz zum Lkw-Motor umgebaut wurden

und 100 PS leisteten. Neben den traditionell für Magirus bekannten Feuerwehrfahrzeugen gab es eine breit gefächerte Palette von Möbel- und Pritschenwagen, Sattelschleppern und Tankfahrzeugen. Letztere hatten einen vorn liegenden Auspuff. Die Kommunalfahrzeuge behielten aus Ersparnisgründen die Vollgummibereifung, da sie nur im Stadtverkehr eingesetzt wurden. Die Linkssteuerung und die Kugelschaltung wurden, beginnend beim 1,5-Tonner, nach und nach bei allen Modellen eingeführt.

Der 1925 unternommene Versuch, ein Universal-Fahrzeug für alle denkbaren Aufbauten zu schaffen, wird nicht von Erfolg gekrönt. Bis 1927 wurden drei Lastwagen und ein Omnibus dieses „Magirus-Schnell-Universal-Fahrzeugs" (MSUF) gebaut, doch von einer Serienfertigung sah man aufgrund zu vieler technischer Schwierigkeiten ab.

Ebenfalls nur kurz war die Verwendung des amerikanischen Continental-Motors Typ 16 C, der sich als preiswerte Alternative zum Einbau in die M1-Fahrzeuge anbot. Ganze 150 Exemplare dieses „Billigmotors" wurden in die Zweitonner installiert. An eigenen Triebwerken wurde weiterhin gearbeitet. Der erste Dieselmotor kam im Jahre 1932. Er leistete 65 PS und arbeitete nach dem Vorkammerprinzip. Zunächst wurde er als Rohölmotor S 88R bezeichnet. Dank einer speziell mit Bosch entwickelten Düse war er sehr laufruhig. Dieser Motor kam ab 1933 in den Typen M 25, M 27 und M 30 zum Einbau.

1933 wurde mit dem M 206 ein 70 PS starker 1,5-Tonner-Dreiachser vorgestellt, der aufgrund seiner beiden angetriebenen Hinterachsen eine gute Geländefähigkeit bewies und daher auch „Querfeldeinwagen" genannt wurde. Neben der Militärausführung M 206/a als Lkw gab es auf der gleichen Basis auch einen Panzerspähwagen mit einem zweiten Führerstand im Heck.

Das Logo am Kühler verrät: Der Diesel stammt von Deutz. Die Kölner Motoren setzten sich gegenüber den eigenen Entwicklungen nach dem Einstieg von Klöckner Humboldt Deutz bei Magirus rasch durch.

Unter den neu vorgestellten Typen war der M 40 sehr beliebt, den es für Kommunalverwaltungen mit einer Doppelkabine gab. Auch die Ausführungen als Turmwagen für Straßenbahnbetriebe zur Wartung der Oberleitungen waren vergleichsweise häufig anzutreffen. Bedingt durch staatliche Großaufträge wurde Magirus zum größten Hersteller von Brandbekämpfungsfahrzeugen vor dem 2. Weltkrieg.

Firmenintern gab es im September 1935 eine Veränderung. Nach dem Tode von Hermann Magirus im Jahre 1928 schlitterte das Unternehmen aufgrund der allgemein schlechten Wirtschaftslage in finanzielle Schwierigkeiten, die der Nachfolger auf dem Chefsessel, Adolf von Magirus, nicht meistern konnte. Er, ein Enkel des Gründers, war Berufsoffizier gewesen und hatte die Reichswehr im Range eines Generalleutnants verlassen, um den Vorsitz der Firma zu übernehmen. Schließlich wurde er durch Interventionen der Hausbanken zum Rücktritt gezwungen. Der Mehrheitsaktionär Fritz Kiehn übernahm 1934 den Vorsitz und schloss zunächst einen Interessenvertrag mit dem Kölner Motorenhersteller Humboldt-Deutz, der seinerseits erst fünf Jahre zuvor aus einer Fusion der Firmen Deutz-Motoren und Humboldt AG hervorgegangen war. Im März 1936 schloss man beide Firmen offiziell zusammen. Trotz einer gewissen Eigenständigkeit war Magirus nun eine Abteilung von Humboldt-Deutz geworden. Da Humboldt-Deutz durch ein Finanzierungsabkommen wiederum von den Klöckner-Werken in Duisburg abhängig war, gab es 1938 noch einmal eine Änderung des Firmennamens in Klöckner-Humboldt-Deutz AG (KHD). Durch diese Verbindung verdrängten Deutz-Motoren zunehmend den Motorenbau von Magirus, der schließlich ganz eingestellt wurde.

Ab 1938 musste Magirus das Henschel-Modell 33D1 bzw. 33G1, einen Dreiachser für die

„Querfeldeinwagen": Der Dreiachser Typ M 206 war ausgesprochen geländegängig.

Wehrmacht mit der Achsformel 6 x 4, in Lizenz fertigen. Gleichzeitig wurde der „Einheitsdiesel" vom Typ M 306E gebaut, dessen 80-PS-MAN-Motor ebenfalls eine Lizenzfertigung war. Der „Schell-Plan" war nun auch in Ulm Pflichtprogramm und ab 1939 wurde die Fertigung der Dreitonner-Typen S 330 (Standard-/Straße) und A 330 (Allrad) aufgenommen. Ab 1941 hatten die neuen Typenbezeichnungen S 3000 und A 3000 Gültigkeit.

Der 6,5-Tonner Typ M 265 wurde im Jahr 1940 mit einer Generatoranlage auf Anthrazitbasis vorgestellt. Die Motorleistung schrumpfte dabei um rund 20 PS auf 125 PS. Zwischen 1941 und 1943 liefen 600 Fahrzeu-

Beispiel für die Aufschlüsselung der Motorenkennzeichnung von Deutz: Motor „F 4 M 513"

Bestimmung des Einsatzzweckes	=	F für Kraftfahrzeug
Anzahl der Zylinder	=	4
Art der Kühlung	=	M für Wasserkühlung
Letzte Ziffer	=	Konstruktionsnummer

ge des zweiten Kriegstyps, dem 4,5-Tonner S 4500/A 4500, von den Bändern. Er war mit dem 12 PS starken „Gemeinschafts-Dieselmotor" ausgerüstet.

Neben den reinen Lkws baute man bei Klöckner-Humboldt-Deutz ab 1942 den Dreitonner auch als Halbkettenlastwagen „Maultier" (Typ S 3000 SSM) und ab 1943 wurde in Ulm auch der „Raupenschlepper Ost" (RSO) nachgebaut. Diese Konstruktion von Steyr, Daimler und Puch war ein Ganzkettenfahrzeug mit einer Nutzlast von 1,7 Tonnen. Der luftgekühlte V-8 Motor von Steyr lieferte 70 Pferdestärken, die dem Fahrzeug zu einer Geschwindigkeit von maximal 17 Stundenkilometern verhalfen. 12.500 Stück wurden hergestellt.

Im Jahre 1944 entwickelte Emil Flatz im KHD-Werk Oberursel einen luftgekühlten Vierzylinder-Dieselmotor (65 PS), der nach dem Wälzkammerverfahren arbeitete, zur Serienreife. Dieser Motor wurde noch in 674 Exemplare des Raupenschleppers eingebaut, erlebte aber seinen Durchbruch erst in der Nachkriegszeit, in der er ab 1947 den Ruf der legendären „Luftgekühlten" von Magirus-Deutz begründete.

Mit zunehmender Kriegsdauer stieg die Luftgefahr immer mehr an und man lagerte einige Abteilungen aus den Ulmer Werken in nicht so gefährdete Regionen aus. Bei Luftangriffen im Jahr 1944 wurde das Werk I (Ulm) zu 45 Prozent und das Werk II (Söflingen) zu 85 Prozent zerstört. Am 24. April 1945 wurden die Werksanlagen durch US-Truppen besetzt. Ab Mai begannen 500 Mann der Belegschaft mit den Wiederaufbauarbeiten. Es gelang, den Traktorenbau noch Ende 1945 wieder in Gang zu bekommen. Daneben liefen Reparaturaufträge für Fahrzeuge der US-Besatzungsmacht. Die Lkw-Fertigung wurde erst 1946, mit dem Typ S 3000, neu aufgenommen. Zunächst wurden noch eingelagerte wassergekühlte Vierzylindermotoren verwendet, ab 1947 kam dann der luftgekühlte Wirbelkammer-Dieselmotor mit 75 PS zum Einbau.

Die luftgekühlten Aggregate waren in ihrem Aufbau einfach und dadurch einerseits nicht anfällig für Störungen, zeichneten sich aber gleichzeitig auch durch Wartungsfreundlichkeit aus. Ein besonderes Merkmal des luftgekühlten Motors war bzw. ist die Unempfindlichkeit gegen Hitze und Kälte. Aufgrund der Gebläseluftkühlung entwickelte der Motor allerdings eine beachtliche Geräuschkulisse, der man im Laufe der Jahre durch immer bessere Isolationsmaßnahmen begegnete.

Rechts: Großmaul: Die geöffnete Alligatorhaube gibt Einblick auf den luftgekühlten Deutzmotor des Rundhaubers.

Brennstoffalternative: Dieser M65-Frontlenker wurde von Magirus im Jahre 1936 mit zwei integrierten Anthrazit-Gasgeneratoren vorgestellt.

Ein Großküchenfahrzeug des Hilfszuges „Bayern", der überwiegend aus Fahrzeugen der Baureihe M 50 bestand. Die Einrichtung bestand unter anderem aus vier Kesseln und sechs Bratröhren.

Nach der Währungsreform 1948 kam der Lkw-Bau langsam wieder in Schwung. Im Jahre 1951 stellte man auf der Internationalen Automobilausstellung in Frankfurt als erste Nachkriegskonstruktionen die Rundhauber S 3500 und S 6500 vor, die aufgrund ihrer optischen Gestaltung sofort Aufsehen erregten. Die sogenannte „Alligatorhaube"

war aus einem Stück gepresst und konnte weit nach oben geklappt werden, was den Zugang zum Motor einfach machte. Der eiförmige Lufteinlass bestand optisch aus einer Gitterkonstruktion mit dem verchromten Magirus-Emblem. Die Scheinwerfer waren nicht mehr aufgesetzt, sondern in die Kotflügel integriert. Das Stahlfahrerhaus ruhte zur Abfederung auf vier Gummipolstern. Die große, geteilte Windschutzscheibe war in der Mitte leicht gewinkelt. Motor und Fahrgestell des ab 1957 als „Sirius" bezeichneten Fahrzeugs stammten vom eckigen Haubentyp S 3500. Eigentlich war geplant, dass die Rundhauber das eckige Vorgängermodell ablösen sollten, doch ausgiebige Tests im Bereich der Allradtypen brachten Probleme an den Tag. Bei Geländefahrten verzog sich, bedingt durch die Rahmenverwindungen, die runde Haube und sprang auf. Daher behielt man die eckige Bauweise für die Allradkipper und für Pritschenwagen, die für die britische Rheinarmee gefertigt wurden, bis zur Mitte der Fünfzigerjahre bei.

Ein zweites Modell, das 1951 vorgestellt wurde, war der Fernverkehrstyp S 6500 mit einem 175 PS starken Achtzylindermotor (V-8). Der S 6500 ging überwiegend in den Export, war aber auch Basis der ersten deutschen Flugplatzfeuerwehr in Sattelschlepperbauweise.

Die Verkaufsorganisation von Magirus, die sich gegenüber der Konzernzentrale in Köln-Deutz eine gewisse Selbstständigkeit gesichert hatte, besaß Anfang 1953 neun Verkaufsstellen im Bundesgebiet mit 138 angeschlossenen Händlern. Die Händler wurden vertraglich verpflichtet, gewisse Stückzahlen der 3,5- und 4,5-Tonnenklasse abzunehmen. Hier entschied natürlich das Fingerspitzengefühl, denn je nach abgenommener Stückzahl der Fahrzeuge staffelte sich der Rabattsatz, der sich dann natürlich wieder positiv für den Kunden auswirkte. Als Spitzenverkäufer waren die 19 Händler des Düsseldorfer Vertriebsgebietes bekannt. Sie bestellten mit 1.182 Lkws doppelt so viele Fahrzeuge wie ihre Kollegen aus dem Raum Stuttgart/Ulm.

Magirus-Deutz hatte sich schon immer den Dienst am Kunden auf die Fahnen geschrieben und ging zunehmend daran, individuelle Wünsche umzusetzen. Hier ging ein

Der Arbeitsplatz eines Magirus-Fahrers in den Fünfzigerjahren.

starker Trend in die Richtung „schwere Baufahrzeuge", denn auf diesem Sektor herrschte in der ersten Hälfte der 1950er-Jahre immer noch eine enorme Nachfrage. Die Ulmer Konstrukteure hatten hier gewisse Vorteile gegenüber der Konkurrenz, denn man konnte auf den robusten Dreitonner mit dem luftgekühlten Deutz-Motor zurückgreifen, der sich im harten Kriegseinsatz so bewährt hatte. Außerdem konnte man 1954 als erster Hersteller eine Hinterachse mit Außenplanetenantrieb vorstellen. Ein Bauprinzip, das bald nicht mehr aus dem Schwerlastbetrieb wegzudenken war.

Als schwerster Typ bis zum damaligen Zeitpunkt konnte der „Uranus" eine Nutzlast von 16 Tonnen befördern. Der wuchtige Dreiachser, der ursprünglich „A 12000" heißen sollte, besaß eine verlängerte Eckhaube, unter der wahlweise ein 170-PS-Achtzylinder oder ein 250 PS starker Zwölfzylindermotor arbeitete. Er besaß Allradantrieb, wobei alle Räder über Stirnradvorgelege und Planetengetriebe in den Radnaben angetrieben wurden. Überwiegend für den Export gebaut, gab es den „Uranus" als schweren Pritschenwagen, Zugmaschine und als Kranwagen. Sein Name öffnete in Ulm den Weg zu den Sternen, denn ab 1955 orientierte man sich bei den Typ-Bezeichnungen an Planeten. Der 3,5-Tonner hieß „Sirius", der 4,5-Tonner wurde „Mercur" getauft und der neue 5,5-Tonner bekam den Namen „Saturn". Später rollten dann auch noch „Jupiter" (S 6500/S 7500) und „Pluto" auf den Straßen. Angeblich sollte die Verwendung der Planetengetriebe bei den Allradlastern die Idee zu der neuen Namensgebung geboren haben.

Obwohl sich die Haubenfahrzeuge noch gut verkauften, zeichnete sich, nicht zuletzt aufgrund der gesetzlich vorgeschriebenen Längen- und Gewichtsbeschränkungen, ab, dass die Zukunft dem Frontlenker gehören würde. Auch auf diesem Gebiet hatte man in

Ulm bereits Erfahrungen in den Dreißigerjahren gesammelt und betrat nun kein direktes Neuland, obwohl sich zwischenzeitlich technisch eine Menge getan hatte.

Der Prototyp des neuen Frontlenkers (S 7500/ „Jupiter F"), auf der IAA 1955 vorgestellt, war erstmals mit einem kippbaren Fahrerhaus ausgestattet. Das untere Drittel der Kabine, mit den Bedienelementen und den Sitzen, war fest mit dem Rahmen verschraubt. Der Motor und das Getriebe waren unter dem Fahrerhaus angebracht. Für Wartungsarbeiten ließ sich der obere Teil der Kabine auf einen bereit zu stellenden Bock vorklappen. Mangels Erfahrung mit dieser Konstruktionsart kamen Sicherheitsbedenken auf. Man befürchtete, dass die Kabine bei einer Vollbremsung nach vorne kippen könnte. Daher kam es nur zum Bau einer Vorserie, die in den Export ging.

1957 erfolgte dann mit dem 4,5-Tonner „Mercur F" ein neuer Anlauf in Sachen Frontlenker. Das Design mit der ovalen Lufteinlassöffnung erinnerte stark an die Optik der Rundhauber mit ihren „Alligatorschnauzen". Später erfolgten dann die üblichen „kosmetischen Korrekturen", heute „Facelifting" genannt, die dem „Mercur" ein dem Zeitgeschmack entsprechendes Äußeres gaben.

Zu dieser Zeit hatte sich die Absatzlage für Magirus-Deutz plötzlich drastisch verschlechtert. Im Fahrzeugbereich sank die Fertigungskapazität auf 83 Prozent, im Motorenbau ging sie sogar auf 58 Prozent zurück. Daraufhin musste man 1.000 Mitarbeiter entlassen. Um wieder mehr Kunden für die Fahrzeuge aus Ulm zu gewinnen, wurde die Modellpalette erweitert. Im Katalog von 1956 wurden 77 Fahrzeugvarianten angeboten, ein Jahr später waren es 91.

Eine Reihe von Verbesserungen kam ab 1958 nicht zuletzt dem Fahrer zugute. Ein verstellbarer Sitz und bessere Belüftungsmöglichkeiten verbesserten den Komfort in den Kabinen, eine serienmäßig eingebaute Motorbremse in den Fahrzeugen über 4,5 Tonnen verbesserte die Sicherheit.

Qualität ist die beste Werbung

Magirus-Deutz hatte in den Fünfzigerjahren einige interessante „Werbe-Expeditionen" durchgeführt, um die Leistungsfähigkeit der Fahrzeuge und des luftgekühlten Motors unter Beweis zu stellen. So wurden zwei Allradfahrzeuge auf dem Landweg in den damals belgischen Kongo überführt, mehrere A 7500 gingen bei extrem hohen Temperaturen in Richtung Persischer Golf auf den Weg und eine Kolonne zweiachsiger Fahrzeuge machte sich durch den Vorderen Orient auf der alten Seidenstraße nach Afghanistan auf. Daneben gab es auch Tests in Eis und Schnee, die ähnlich erfolgreich verliefen. Die

Nicht alltäglich: Ein notgelandetes Verkehrsflugzeug wurde mit einem Magirus „Uranus" aus der Sahara geborgen.

robuste Bauweise der Magirus-Lastwagen, in Verbindung mit Allradantrieb und luftgekühltem Motor, waren eine ideale Kombination.

Bereits zu Beginn der Fünfzigerjahre hatte man mit dem Exportgeschäft begonnen, da man vor allem in Afrika und Südamerika gute Absatzmöglichkeiten sah. Aufgrund von Marktanalysen konzentrierte man sich zunächst vorrangig auf Nordafrika und den arabischen Raum. Lizenzverträge (z. B. 1957 mit der jugoslawischen Firma TAM) und Fertigungsstätten wie in Ägypten (ab 1959) festigten die Marktposition.

Der damalige Chef des Auslands-Kundendienstes von Magirus-Deutz besuchte mit einem „Jupiter" seine afrikanischen Stützpunkte und schrieb dazu in einem Bericht: „Die besondere Beanspruchung unserer Fahrzeuge zeigte sich auf meiner Fahrt von Asmara in Eritrea nach Addis Abeba in Äthiopien. Ich fuhr die Strecke von 1.200 Kilometern auf schlechten Straßen, viermal über 3.000 Meter und zehnmal über 800 Meter Höhe. Zum Schluss der Fahrt ging es einen 3.200 Meter hohen Pass hinauf. Unser Jupiter mit neun Tonnen zieht einen mit 18 Tonnen beladenen Anhänger viereinhalb Stunden im ersten Gang den Pass hinauf. Viereinhalb Stunden überträgt die Hinterachse die volle Motorleistung von 170 PS auf die Hinterräder. Wenn die Fahrer oben ankommen, kocht das Öl in der Hinterachse. Als ich mich nach den Reifen erkundige, erzählte mir der Fahrer, dass man normalerweise mit einer Garnitur nur fünfmal die Fahrt hin und zurück durchführen kann. (...) Nirgendwo in Afrika habe ich Verhältnisse vorgefunden, wo unsere Fahrzeuge größeren Beanspruchungen ausgesetzt sind. (...) Mitten im Urwald fanden wir eine Holzsägerei. Auf einem abgerodeten Gelände steht ein Eingeborenendorf mit etwa dreißig Hütten, ein Sägewerk und sechs Magirus-Allradwagen. Eines dieser Fahrzeuge holt täglich auf

Es geht wieder aufwärts: Eckhauber und Busse verlassen in zunehmenden Stückzahlen das Ulmer Werk.

Urwaldwegen fünf Fahrstunden entfernt in einem Tank das Trinkwasser für die Eingeborenen und das Kühlwasser für die Sägewerkmotoren. Die anderen fünf Lkws schleppen von früh bis spät die schweren Teakholzstämme, über Baumstümpfe und niedriges Holz hinweg, zum Sägeplatz durch den weglosen Urwald. Ohne wesentlichen Service, einer Geländeprüfung gleich, arbeiten unsere Allrad-Fahrzeuge dort pausenlos. Man braucht nicht zu befürchten, dass sich die Konkurrenz eindrängt – die nächsten Fahrzeuge, die angeschafft werden müssen, werden wieder von uns gebaut sein."

Der „Sibirien-Auftrag"

Anfang der Siebzigerjahre streckte die damalige UdSSR Fühler zu Magirus-Deutz aus. Zunächst wurden die Ulmer Werksanlagen besichtigt, dann lud man im Frühjahr 1972 den Vorstand nach Moskau ein. Gegenstand war eine mögliche Lkw-Bestellung für den harten Einsatz in Sibirien. Allerdings hatte man Zweifel an der Tauglichkeit des luftgekühlten Motors. Als Testobjekt schenkte man den sowjetischen Technikern ein entsprechendes Triebwerk. Kurz darauf ging eine Bestellung über zwanzig Motoren und drei komplette Lastwagen aus Moskau ein. Zwei Jahre später, nach einer ausgiebigen Testphase, wurden 150 Dreiachskipper in Ulm bestellt. Wenig später wurde der Auftrag um 70 Fahrzeuge erhöht, kurz darauf noch einmal um 80 Lkws aufgestockt. Die Bedingung dabei war, dass die ersten 50 Fahrzeuge bis spätestens Oktober 1974 zur Verschiffung nach dem nordsibirischen Norilsk bereit stehen mussten, da zu einem späteren Zeitpunkt der Hafen zugefroren ist.

Dieser „Vorauftrag" mündete im Oktober 1974 im Abschluss eines Vertrages zur Lieferung von 10.000 Fahrzeugen. Ein Großauftrag, der die Fertigungskapazitäten zum Bersten brachte und Neueinstellungen erforderte. 10.000 Magirus-Deutz-Lkws zur Erschließung Sibiriens, zum Bau einer gigantischen Eisenbahnlinie, aus dem Innersten Sibiriens hin nach Westen: 3.145 Kilometer, teilweise sechsspurig angelegt, am Baikal-

see vorbeigeführt, über sieben Gebirge und sechs Ströme. 142 Brücken und 3.200 andere Bauwerke wie Dämme, Pässe und Tunnel galt es in der Taiga für dieses Großprojekt zu errichten – in Regionen mit ewigem Frost.

Der Auftrag schlüsselte sich auf in: 6.500 Muldenkipper des Typs 290 D 26 K , 1.200 Pritschenwagen, dazu Holztransporter, Tankwagen und Fahrzeuge für logistische Zwecke. Ein Bankenkonsortium unter Führung der Deutschen Bank übernahm die Finanzierung. Einigkeit herrschte später darüber, dass es kein Geschäft über den Preis war, sondern die technischen Argumente den Ausschlag gaben. Man wollte hochwertige Qualitätsprodukte und die wurden auch geliefert. Dabei waren natürlich auch die Zulieferer und Aufbauhersteller gefordert. Die Aufträge für die Kippermulden gingen nach ausgiebiger Prüfung an Kässbohrer, Kögel und Meiller. Zitat eines damaligen Managers: „Wer mit dünnen Blechstärken kam, flog gleich raus."

Für Magirus-Deutz war das Riesengeschäft mit der Sowjetunion nicht nur finanziell erfreulich, es war daneben beste Reklame in allen Medien für die „Bau-Bullen", wie der neue Werbeslogan in den Siebzigern nun

Dieser Magirus „Saturn" 145 wurde 1961 auf einem Speditionshof be- oder entladen.

Die Magirus-Modellpalette im Jahre 1976. Neben dem Ulmer Münster und dem Schriftzug Magirus-Deutz befindet sich das stilisierte „I" für IVECO auf dem Kühlergrill.

lautete. Ab dem Sommer 1978 wurde sogar der FC Bayern München attraktiver Werbepartner für die „Deutschen Bullen". Die Idee zu dieser Partnerschaft lag angeblich einer Reportage in der FAZ zugrunde, die darüber berichtete, dass die russischen Fahrer ihre Magirus-Lkws „Müllers" nannten (nach dem damals sehr berühmten Mittelstürmer des FC Bayern, Gerd Müller, der auch „Bomber der Nation" genannt wurde). In der Euphorie des Großauftrages hatte man jedoch die dunklen Wolken übersehen, die langsam am europäischen Markt aufzogen.

Doch blicken wir noch einmal zurück: 1960 war die erste Krise überwunden und man stellte wieder Arbeitskräfte ein. 7.600 Beschäftigte fertigten in diesem Jahr 12.865 Fahrzeuge und 22.387 Motoren. Die wöchentliche Arbeitszeit betrug im Jahre 1962 übrigens 42,5 Stunden bei einem Arbeitslohn von 3,05 DM (Akkord 3,55 DM). Eine zunehmende Spezialisierung auf Schwerlastwagen, hauptsächlich für das Baugewerbe, erforderte eine immer größer werdende Anzahl von Zulieferern. Der alte Grundsatz „Möglichst viel im eigenen Hause herzustellen" hatte keine Gültigkeit mehr, obwohl die meisten Aufträge innerhalb des KHD-Konzerns verblieben.

1964 feierten sowohl Magirus wie auch Klöckner-Humboldt-Deutz ihr 100-jähriges Bestehen. Magirus stellt zum damaligen Zeitpunkt rund ein Drittel der Belegschaft, er-

zielt aber knapp die Hälfte des Firmenumsatzes. Zur Hervorhebung der Firmenzugehörigkeit entfiel gleichzeitig der Name „Magirus". Die Kühlerbeschriftung lautete nur noch „Deutz". Auch von den Planetennamen hatte man sich jetzt verabschiedet. Für die neuen Nummernbezeichnungen hier ein Beispiel: „Sirius" = 90 D 7 L = 90 PS Deutz 7 t (Gesamtgewicht) L (Langhauber)

1965 wurde die IAA in Frankfurt wieder zum Forum für eine Präsentation. Die neuen Frontlenker-Modelle wurden vorgestellt. 1967 konnte man die Auslieferung des 50.000. Exportfahrzeugs der Nachkriegsbaureihen feiern. 10.760 Fahrzeuge verließen in diesem Jahr die Montagebänder. Ab 1968 prangte wieder das werbewirksame „Magirus-Deutz" am Kühlergrill. Im Ulmer Donautal wurde als „Werk III" eine weitere Motorenfertigungsstätte in Betrieb genommen. Wie andere Hersteller auch, beschäftigte man sich zu dieser Zeit auch mit der Antriebsart Gasturbine. Ein entsprechendes Versuchsfahrzeug wurde mit einer Zweiwellen-Getriebeturbine ausgerüstet, deren Leistung bis zu 280 PS betragen hat. Die Produktionszahlen stiegen noch einmal auf 12.935 Fahrzeuge. Montagewerke und Lizenzfertigung gab es zum Ende der Sechzigerjahre in Jugoslawien, Griechenland, Portugal, der Türkei, Ägypten, dem Kongo, Ghana, Südafrika, Argentinien, Brasilien, Chile, dem Iran und Thailand.

Im Jahre 1971 unterzeichnete man den sogenannten „Viererclub-Vertrag" zur Entwicklung und zum Bau eines weitgehend vereinheitlichten Lastwagens in der Klasse 3,5 bis 8,5 Tonnen. Die Vertragspartner waren Volvo, DAF und Saviem/Renault. Das gemeinsame Konstruktionsbüro wurde in Paris eingerichtet. Ein anderes Gemeinschaftsbüro wurde mit MAN und Daimler-Benz für die Entwicklung der Bundeswehr-Nachfolgegeneration eingerichtet.

Während zu diesem Zeitpunkt das Geschäft mit den Baustellenfahrzeugen ausgezeichnet lief, gingen die Verkaufszahlen bei den Straßen-Typen und den Bussen zurück, was auch mit dem nach wie vor verwendeten luftgekühlten Motor zusammenhing, der sich aufgrund seiner Lautstärke nicht mehr sehr großer Beliebtheit erfreute. Auch das stabile Geschäft im Bereich der Feuerwehrfahrzeuge konnte die finanzielle Schieflage nicht ausgleichen. Der „Sibirien-Auftrag" erwies sich als trügerisches Zwischenhoch, die Zeit der „Ulmer Staubsauger", wie man die luftgekühlten Magirus-Laster manchmal spöttisch bezeichnete, schien abzulaufen.

Auch bei der Bundeswehr hatte man Pech. Ein technisch durchaus gleichwertiges Fahrzeug unterlag in der entsprechenden Typ-Klasse dem preiswerteren Unimog 1700U von Daimler-Benz. Allerdings gab es, quasi zur Entschädigung, einen Auftrag für 7.000 Fünftonner sowie 900 Sattelzugmaschinen und Fahrgestelle für Flugfeld-Tankwagen. In der Ulmer Führungsetage wurden die Sorgenfalten größer und man begann sich nach einem finanzstarken Partner umzusehen, der sich schließlich in Form der von Fiat dominierten IVECO (Industrial Vehicles Company) fand. IVECO bestand aus Fiat, den Fiat-Töchtern OM und Lancia, der französischen Marke UNIC und Magirus-Deutz. Etwas später kamen auch noch die englischen Ford-Werke hinzu. Die direkte Kooperation begann am 1. Januar 1975. Fiat übernahm die Entwicklung und Produktion aller Transporter sowie der leichten bis mittleren Lastwagen und Omnibusse. Die Zuständigkeit von Magirus bezog sich auf die schweren Lastwagen und die Feuerwehrfahrzeuge.

Im Jahre 1980 verkaufte KHD seine Anteile an Fiat und machte dadurch den Turiner Konzern zum Alleinaktionär. 1982 musste das Omnibuswerk in Mainz geschlossen werden. Die Zulassungszahlen schrumpften und der Marktanteil betrug nur noch 14,2 Prozent. 1984 wurden nur noch 9.101 Lkws verkauft. Die wirtschaftliche Lage nahm dramatische Formen an. Ein radikaler Sanierungsprozess kostete rund 4.000 Mitarbeiter ihren Arbeitsplatz, rettete aber schließlich das Unterneh-

Großvolumentransporter: IVECO Turbo 190.30 P GV (P = luftgefederte Hinterachsen, GV = Großvolumen) unterwegs im Jahre 1988 für Edeka.

Der moderne Schwer-Last-kraftwagen Stralis von Iveco.

men. 1985 hatte man die Verlustzone wieder verlassen und konnte einen Jahresüberschuss von 31,2 Millionen DM erwirtschaften.

Mit dem neuen „TurboStar" mischte man auch wieder im europäischen Fernverkehr mit. Als Merkmale des neuen Lkw, der im großen Maße auf Wirtschaftlichkeit ausgelegt wurde, sind drehmomentstarke, kraftstoffsparende Motoren und eine großzügig bemessene Fahrerkabine zu nennen. Die Leistung des zuerst vorgestellten Typs 190.33 betrug 330 PS. Es handelte sich dabei um einen wassergekühlten Motor mit Abgasturbolader und Ladeluftkühler (Intercooling).

Der neue Star aus Ulm heißt nunmehr „Stralis". Sein Design hebt ihn von den vergleichbaren Konkurrenten der Mitbewerber ab, obwohl er an sich eher etwas unauffällig „gestylt" ist. Der „Stralis" ist ein Arbeitstier, das mit seinen Leistungen überzeugt. Die umfangreiche Baureihe ist für eine breite Palette an Einsatzarten gerüstet.

Dem „Stralis" verleihen drei Motorenvarianten (8, 10 und 13 Liter Hubraum) zwischen 310 und 560 PS die nötige Kraft für die diversen Einsatzarten. Die Cursor Motoren mit dem Abgaswert „Euro 5" sind dabei ein Vorbild in punkto Drehmoment sowie Wartungs- und Betriebskosten. Sie verbrauchen 2 bis 5 Prozent weniger Kraftstoff als die bereits sehr wirtschaftlichen Euro-3-Versionen.

Das Fahrerhaus des neuen „Stralis" wurde zusammen mit Kunden und Händlern entwickelt, um den Fahrkomfort weiter zu steigern und die Lebensqualität an Bord noch mehr zu verbessern. Alle Versionen des „Stralis" gibt es mit verschiedenen Federungssystemen, darunter Luftfederungen mit hohem Verstellweg, um die Ladehöhe an Laderampen anzupassen oder Wechselbehälter absetzen bzw. aufnehmen zu können. Verlängerte Ölwechselintervalle (150.000 Kilometer), eine deutliche Reduktion der Bremsenabnutzung durch eine starke Motorbremse (IVECO Turbo Brake), Scheibenbremsen an allen Rädern und die hohe Elastizität des Motors helfen, Wartungskosten zu senken und Kraftstoff zu sparen.

Kaelble – Die schwäbischen Kraftprotze

Die von Gottfried Kaelble gegründete und seit 1895 in Backnang ansässige Maschinenfabrik entwickelte bereits 1907 einen ersten Lastkraftwagen, stieg aber erst 1925 in die Fahrzeugfertigung ein, nachdem man im 1. Weltkrieg Heereszugmaschinen und Lokomobile gebaut hatte. Die damals vorgestellte Zugmaschine „Z 1 Sueva" wurde von einem selbst entwickelten kompressorlosen Motor angetrieben, der rund 18 PS lieferte. Dieser Einzylindermotor, der nach dem Vorkammerprinzip arbeitete, wurde zu Versionen mit zwei, drei, vier und sechs Zylindern weiterentwickelt. Der Kaelble-Motor galt aufgrund seiner niedrigen Drehzahl und des hohen Drehmomentes als ausgesprochen langlebig. Konstrukteur war Paul Strohäcker, der später auch Traktorenmotoren entwickelte.

Im Jahre 1932 wurde mit dem „Express Z 4" ein moderner Ferntransport-Schlepper auf den Markt gebracht, der großen Zuspruch im Transportgewerbe fand. Merkmale des Z 4 waren sein geschlossenes Fahrerhaus, Luftreifen und Schwingachsen. Der Motor ließ sich mit einer Druckluftanlage oder mit

einem elektrischen Starter in Gang setzen. Zur Ausstattung gehörte sowohl Riemenscheibe als auch Seilwinde.

1935 stellte die Carl Kaelble GmbH dann die ersten schweren Zugmaschinen der Baureihen Z 6 GN 110 (2-Achs) und Z 6 GN 125 (3-Achs) vor. Diese und deren Weiterentwicklungen legten den Grundstein zu einer langjährigen Zusammenarbeit, zunächst mit der Reichsbahn und dann mit der Deutschen

Wie vor dem 2. Weltkrieg bereits die Reichsbahn, so griff später auch die Deutsche Bundesbahn sehr gerne auf Kaelble-Zugmaschinen zurück. Hier der Typ K 632.

Schwere Straßenzugmaschine Kaelble KDV 22S (Bj. 1964) mit 300 PS.

131

Bundesbahn. Die Kaelble-Zugmaschinen und die Spezialanhänger zum Transport von Eisenbahnwaggons („Culemeyer-Straßenroller") wurden zum klassischen Gespann. Man sprach auch gerne vom „fahrbaren Anschlussgleis".

Den Höhepunkt der Zugmaschinenentwicklung vor dem Kriege bildete der Typ Z6R3A. Der als größte Dieselzugmaschine der Welt 1937 vorgestellte Dreiachser-Frontlenker hatte eine Motorleistung von 180 PS. Hergestellt wurde allerdings nur ein einziges Exemplar.

Der Zugmaschinenbau wurde auch während des Krieges fortgesetzt, wobei die Wehrmacht zum größten Kunden wurde. Die Zerstörung des Werkes 1944 machte der Produktion dann ein Ende.

Der Neuanfang begann für Kaelble 1948. Die zuerst gebauten Typen K 410, K 625Z und K 630Z entsprachen weitgehend den Vorkriegsmodellen. Außerdem erkannte man in Backnang, dass sich gute Marktchancen auch mit Schwerlastwagen eröffnen würden. Da von alliierter Seite jedoch ein Verbot für Neuentwicklungen bestand, bediente man sich eines kleinen Tricks, indem man auf eine Vorkriegskonstruktion zurückgriff, die 1939 zur Serienreife entwickelt wurde, aufgrund des auferlegten Typenbegrenzungsprogramms jedoch nicht gebaut worden war. Basis für den neuen Lkw war die Sattelzugmaschine S6 GN 125, die einen längeren Rahmen für die Pritsche (6,5 Tonnen) bekam. 1946 begann die Produktion in bescheidenen Stückzahlen. 28 Lkws wurden hergestellt. 1947 waren es lediglich 19 Fahrzeuge. 1948 wurden die besetzten Werksanlagen vom US-Militär geräumt. Kaelble konnte sich jetzt voll auf die Zukunft konzentrieren und brachte innerhalb der nächsten Jahre eine Reihe von Schwerlastwagen und Muldenkippern auf den Markt, wie 1957 den KDV 836E. Dieser schwere Muldenkipper war mit einem

von Kaelble selbst entwickelten 300 PS starken V-8-Motor ausgerüstet. Zwei Eberspächer Turbolader sorgten für diese beeindruckende Leistung. Neben den Lkws wurden nach wie vor Zugmaschinen hergestellt. Dazu gesellten sich ab 1956 Radlader, Planierraupen und weitere Spezialgeräte. Das letzte Lkw-Modell von Kaelble war der 1960 vorgestellte Frontlenker K 652 F, der bis 1964 gebaut wurde. Die Produkte aus Backnang besaßen aufgrund ihrer soliden Verarbeitung weltweit einen ausgezeichneten Ruf. Allerdings lohnte aufgrund der kleinen Serien die Lkw-Fertigung ab Anfang der Sechzigerjahre nicht mehr. Kaelble spezialisierte sich daher zunehmend auf Großraummuldenkipper, Amphibienfahrzeuge, Planierraupen, Radlader, Kranträger-, Spezialfeuerwehr- und Hüttenwerkfahrzeuge. Waren 1956 noch 2.500 Menschen für Kaelble tätig, so sank die Belegschaft auf 350 Mitarbeiter im Jahre 1986.

Bereits 1979 war Kaelble von der libyschen Firma Lafico (Libyan Arab Foreign Investment Co.) übernommen worden, die wiederum in den Neunzigerjahren aufgrund des verhängten Embargos Konkurs anmelden musste. Relikte des traditionsreichen schwäbischen Unternehmens flossen schließlich in die amerikanische Terex-Gruppe ein.

Reichsbahn auf der Straße: Schwerlast-Zugmaschine Kaelble „Jumbo"

Die Deutsche Reichsbahn hatte in den Dreißigerjahren eine Reihe von schweren Zugmaschinen der Firma Kaelble (Backnang) im Einsatz, die für entsprechende Spezialaufgaben eingesetzt wurden. Das Problem dabei war, dass das Gewicht der Lasten häufig mehrere dieser 100-PS-Schlepper erforderte. Die Zugmaschinen mussten bei besonders schweren Zügen zweifach oder dreifach vorgespannt werden. Oft musste auch ein Schubfahrzeug von hinten Hilfestellung leisten. Transporte auf den neuen Reichsautobahnen waren

Der Höhepunkt der Zugmaschinenentwicklung: der Z6R3A von Kaelble. Von ihm wurde allerdings nur ein Exemplar hergestellt.

damit noch einigermaßen gut zu bewältigen, aber in den engen Ortsdurchfahrten, wie sie damals üblich waren, waren solchen Schwertransporten rasch Grenzen gesetzt.

Die Reichsbahn wurde, aufgrund ihrer Möglichkeiten, im Laufe der Jahre zunehmend für Transportaufträge von Privatfirmen herangezogen. 1934 waren es 19 Aufträge aus der Industrie, 1935 verbuchte man 37 Fahrten und im Jahre 1936 klopfte die Industrie insgesamt 95-mal bei der Bahn an. Hatte man zunächst nur für den Eigenbedarf geplant, wie den Transport von Güterwaggons auf der Straße, so fuhren die Reichsbahnschlepper nun auch mit Brückenteilen und Transformatoren über Land. 1936 war es gar eine 94 Tonnen schwere Lokomotive, die transportiert werden musste, und im gleichen Jahr ging auch eine Riesenglocke für die Olympiade von der Gießerei in Bochum auf die Straßenreise nach Berlin. Die schweren Kaelble-Haubendreiachser bewährten sich dabei recht gut, gleichzeitig wurden ihnen jedoch Grenzen aufgezeigt. 1937 stellte die Firma Kaelble ihren bis dahin „dicksten Brocken" vor, den Typ Z6R3A. Diese schwere Dreiachs-Allradzugmaschine mit einer Spitzenleistung von rund 200 PS war in Frontlenkerbauweise mit einem Mittelmotor ausgeführt. Dieser erreichte bei 1200 Umdrehungen pro Minute sein größtes Drehmoment und sorgte somit für eine ausgesprochen hohe Anzugskraft. Der Sechszylinder-Viertakt-Dieselmotor war auf einem Preßrahmenfahrgestell zwischen der ersten und zweiten Achse montiert. Der Kühler befand sich auf der Rückfront. So konnte die damals vorgeschriebene Achslast von 7 Tonnen eingehalten werden. Die Dauerleistung betrug 180 Pferdestärken. Das Sechsgang-Getriebe erhielt seinen Platz unter dem Fahrerhausboden. Von dort ging die Kraftübertragung über die Kardanwelle zum mit der Vorderachse verblockten Hauptdifferential und weiter zu den beiden Hinterachsen. Über zwei Haupt- und drei Nebendifferenziale, die man einzeln sperren konnte, war ein vollständiger Ausgleich der Raddrehzahlen vorgesehen. Zur Verringerung des Rollwiderstandes war auch die Hinterachse lenkbar. Eine preßluftgesteuerte Knorr-Servo-Lenkung unterstützte den Fahrer. Die Zugmaschine war 7,85 Meter lang und hatte ein Leergewicht von 14,5 Tonnen.

Neben den schweren Haubenlastwagen baute man ab 1951 bei Kaelble auch Frontlenkertypen.

Dazu kam noch ein Ballastgewicht von 6,5 Tonnen.

Im ersten Gang betrug die erreichbare Geschwindigkeit 1,8 Stundenkilometer, die Höchstgeschwindigkeit (im sechsten Gang) lag bei 20 Stundenkilometern. Um diese Geschwindigkeit zu erreichen, musste der Fahrer sechs Gänge durchschalten. Ein fehlender Schnellgang machte sich im Hinblick auf Leerfahrten negativ bemerkbar. Als Anhängelast waren 200 Tonnen angegeben. Im Fahrzeugheck war eine Fünftonnen-Seilwinde mit einem 100 m langen Seil angebracht. Diese Winde konnte über das Schaltgetriebe betrieben werden. Mit Hilfe der Winde konnten Brücken überquert werden, denen sonst das Gewicht des Schwertransportes zum Verhängnis geworden wäre. So war es der Zugmaschine zunächst alleine möglich, die Brücke zu überqueren, um dann die Last per Winde hinüberzuziehen.

Johann Culemeyer, der Dezernent für Sondergüterwagen im Eisenbahn-Zentralamt Berlin und Erfinder des Straßentransportes von Eisenbahnwaggons („Culemeyer-Straßenroller"), schreibt dazu: „Der neue, 1937 fertiggestellte 180-PS-Schlepper der Reichsbahn ist für das Schleppen größerer Schwerlasten gedacht, besonders dort, wo die Schwere des Lastzugs oder Steigungen es notwendig machen würden, zwei 100-PS-

Dieser Kaelble Typ Z 6W2A 130 war im Jahre 1942 in Diensten einer Schwerlast-Abteilung der Luftwaffe an der Ostfront unterwegs. Im Schlepp ein Culemeyer-Straßenroller mit einem verlasteten Güterwagen.

Schlepper hintereinander zu verwenden. Auf engen gewundenen Straßen und in winkeligen Ortschaften gibt es immer Stellen, an denen der großen Zuglänge halber nicht zwei Schlepper hintereinander fahren können, oder wo im Bogen die Lenkung des hinteren Schleppers durch den vorfahrenden mehr oder minder unwirksam gemacht wird. Eine kräftige Maschine in einer Hand ist wirksamer und betriebssicherer als zwei lose gekuppelte Maschinen mit zwei Fahrern. Die Entwicklung einer besonders zugkräftigen Maschine war für die betriebssichere Durchführung derartiger Transporte somit zwingend." Die neue Zugmaschine war ursprünglich der Prototyp zu einer neuen Serie, blieb jedoch, bedingt durch den Kriegsbeginn, ein Einzelstück und ging durch einen Luftangriff verloren.

Komnick

Die im Jahre 1907 in Elbing von Karl Franz Komnick gegründete Maschinenfabrik stieg ab 1913 in den Bau von Lastkraftwagen ein. Zunächst wurde ein Fünftonner entwickelt, und direkt vor Beginn des 1. Weltkrieges folgte ein Regel-Dreitonner. Aufgrund der politischen Ereignisse wurden beide Fahrzeuge zunächst fast ausschließlich für das Militär gebaut.

Unter dem Konstrukteur Josef Vollmer erschien als „Nachkriegsgeneration" eine ganze Palette neuer Fahrzeuge, die 1922 offiziell vorgestellt wurde. Das neue Programm reichte vom 2,5-Tonner über einen 3,3-Tonner bis zum 4,5-Tonner, der wahlweise mit einem 6-Zylinder Maybach-Motor (70 PS) ausgestattet werden konnte.

Neben einer Reihe anderer Fahrzeuge erschien 1925 ein 1,5-Tonnen-Schnelllastwagen. Ein neuer Fünftonner, der 1927 in Serie ging, konnte alternativ zum bekannten May-

Die zeitgenössische Werbung der Elbinger Firma Komnick zeigt den Weg: Die Fuhrwerke sind auf dem Rückzug, die Lkw fahren nach vorne.

schlagende Wirtschaftskrise geworden. Das Unternehmen, mit zuletzt rund 800 Mitarbeitern, musste 1930 Konkurs anmelden und wurde von der Heinrich Büssing AG 1931 gekauft, die in Elbing dann Dieselschlepper und Motoren herstellen ließ. Kundendienst und Karosseriebau von Komnick blieben zunächst erhalten, die Belegschaft des ursprünglichen Werkes wurde jedoch auf 35 Arbeiter reduziert.

Krupp

Die Kraftwagenfabrik (Krawa) der Friedrich Krupp AG Essen hat ihre Wurzeln in einer Gussstahlfabrik, die bereits 1811 gegründet wurde. Vor dem 1. Weltkrieg experimentierte man mit Dampflastwagen und baute während und auch nach dem Krieg Artillerieschlepper. Daraus ging dann ab 1919 die eigentliche Fahrzeugherstellung hervor.

Das erste Modell war ein „Regel-Fünftonner" mit einem 45-PS-Motor und Kettenantrieb, der hauptsächlich für den Einsatz als Kommunalfahrzeug ausgeliefert wurde. So überrascht es nicht, dass der „zweite Krupp", ausgeliefert ab 1921, eine Straßenkehrmaschine war. Es handelte sich dabei um ein dreirädriges Modell nach dem Patent von Gustav Heuser. Auf dem gleichen Fahrgestell konnten auch Kleinfeuerwehren (ideal für Werksfeuerwehren) aufgebaut werden.

Da Krupp in der Regel nur mit schweren Fahrzeugtypen in Verbindung gebracht wird, soll der „L 1,5" aus dem Jahr 1924 hier ausdrücklich Erwähnung finden, denn dabei handelt es sich um den kleinsten Krupp, der jemals gebaut worden ist. Der modern konstruierte, hochverdichtende 50-PS-Motor mit Hängeventilen war aus Leichtmetall gegossen. Das Getriebe war getrennt vom Motor angebracht. Der Antrieb erfolgte über eine

bach nun auch mit einem Komnick-Motor erworben werden, der neu entwickelt worden war und nach dem „Ricardo-System" mit stehenden Ventilen arbeitete. Es handelte sich dabei ebenfalls um einen Sechszylinder, der zunächst mit 75 PS, später mit 80 PS und ab 1929 sogar mit 100 PS ausgeliefert wurde. Interessant war, dass der Fünftonner zwar nun mit Kardanantrieb ins Programm aufgenommen wurde, der Kettenantrieb aufgrund der konservativen Einstellung vieler Kunden jedoch noch eine Weile lieferbar blieb.

Komnick stand zum Ende der Zwanzigerjahre mit einem straff gegliederten Bauprogramm, eigener Gießerei und eigenem Rahmenbau eigentlich ziemlich gut da, zumal auch die Fahrzeuge einen hervorragenden Ruf besaßen. Allerdings hatte man sich marktstrategisch zu sehr auf den wenig industrialisierten Wirtschaftsraum in Deutschlands Osten ausgerichtet. Dadurch war man sehr anfällig im Bezug auf die nun durch-

Dieser Krupp LD 6,5 N 242 gehörte 1939 zum Fuhrpark der Deutschen Reichsbahn. Die Kennzeichenaufschlüsselung besagt: Zweiachsiger Lkw für mehr als fünf Tonnen Nutzlast. Reserviert waren für diese Nutzlastklasse die Nummern 60.000–69.999.

Kardanwelle. Mit einem Umsteuerungsknopf konnte man den vierten Zylinder als Luftpumpe zum Befüllen der Reifen verwenden. Mit dem „L 8" erschien 1928 ein erster Dreiachser. Hier führte Krupp erstmals, und zugleich auch als erster Hersteller überhaupt, eine Gummiklotzfederung an der Hinterachse ein.

1929 übernahm die Krupp AG die Deutsche Last-Automobil-Fabrik (DAAG) und legte, zur Ausschaltung dieser Konkurrenz, das Werk still. Gleichzeitig sicherte man sich jedoch die Reparatur- und Ersatzteilversorgung für die nächsten Jahre. Auf der Berliner Automobilausstellung 1931 stellte Krupp den „Glühringmotor" vor. Dieser Motor, der mit preiswertem Gasöl arbeitete, wurde unter der Nutzung von Patenten der

Gesellschaft für Kohlentechnik (Dortmund) entwickelt.

Das Funktionsprinzip sah so aus: Das mit einem Spezialvergaser vernebelte Schwerölgemisch (auch Steinkohlenteeröl) traf dabei im Brennraum auf einen Glühring, der aus feuerbeständigem Material bestand. An den heißen Wandungen dieses Glührings verdampfte das Gasöl und wurde dann von einer Zündkerze gezündet. Vor dem Anfahren war es notwendig, den Glühring vorzuheizen. Der Verbrauch lag zwar etwas höher als beim Dieselmotor, dafür war der Herstellungspreis weitaus günstiger. Zudem konnte der Glühringmotor auch mit Benzin betrieben werden.

Ebenfalls 1931 wurde das stärkste Krupp-Modell der Dreißigerjahre vorgestellt, der „L8N63", ein ausgesprochen modern wirkender Frontlenker-Dreiachser mit einem 150/165-PS-Doppelblockmotor (Hubraum 12.700 Kubikzentimeter). Der Fahrer saß neben dem in der Mitte des Fahrerhauses stehenden und vorne ein wenig überbauten Motors. Die Höchstgeschwindigkeit lag bei 65 Stundenkilometer.

Ein sehr interessantes Fahrzeug erschien auch in Form eines fünfachsigen Eisenbahnwagen-Transporters im Jahre 1934, der je-

Konserven aus Hannover transportierte dieser Krupp LD 4 in der zweiten Hälfte der Dreißigerjahre.

doch ein Einzelstück blieb. Recht gut konnte dagegen der Typ „LD 6,5N242", ein 6,5-Tonner, der 1938 vorgestellt wurde, an die Deutsche Reichsbahn verkauft werden. Der kommende Krieg hatte seine Schatten schon bedrohlich ausgeworfen, als der „LD3HG2" entwickelt wurde, ein Dreitonner mit einem 80-PS-Vorkammer-Dieselmotor (Viertakt). Zu Beginn des Krieges entstand noch ein V-8-Dieselmotor, der im Gleichstrom-Zweitaktverfahren arbeitete. Der wassergekühlte Motor war mit einem Rootsgebläse ausgerüstet, das es ermöglichte, die Leistung von 150 PS auf 200 PS zu erhöhen. Die Zylindergruppen waren in einem Winkel von 45 Grad angeordnet. Dieses Projekt kam zwar nicht über das Stadium eines Prototypen hinaus, gilt aber im Nutzfahrzeugbereich als erster deutscher Achtzylinder-Dieselmotor mit Aufladung. Durch die Umstellung auf die Kriegsproduktion mussten ab 1940/41 alle weiteren zivilen Projekte gestoppt werden. 1944 wurde die Nutzfahrzeugabteilung, aufgrund des Krieges, zunächst nach Mülhausen im Elsass und dann nach Unterfranken verlagert, wobei sich die Hauptverwaltung in Bamberg befand und die Fertigung in der stillgelegten EKU-Brauerei erfolgte. Gleichzeitig wurde die Umbenennung in Südwerke Motoren- und Lastkraftwagenbau GmbH vorgenommen.

Nach Kriegsende waren zunächst nur Reparaturaufträge zu erfüllen. 1946 genehmigten die US-Behörden dann den Bau eines 4,5-Tonners, der zunächst nur mit Holzgasantrieb ausgestattet werden durfte. Dabei handelte es sich um den Typ LG 45, mit 75 PS, dem aber noch im gleichen Jahr die Version L 45 folgte, die über einen 110-PS-Vergasermotor verfügte. Der Spritverbrauch lag bei 40 Litern Benzin auf 100 Kilometer Fahrtstrecke. 175 Exemplare dieses Typs verließen noch 1946 die Produktionsstätten. Der Einbau von Dieselmotoren war untersagt.

Der verwendete Motor ging auf eine Konstruktion aus dem Jahre 1931 zurück. Er besaß zwei Vergaser, eine siebenfach gelagerte Kurbelwelle und einen Fliehkraftregler. Er war besonders für den Holzgasbetrieb geeignet, wobei seine Leistung dann nur noch 75 PS betrug. Die Höchstgeschwindigkeit lag beim LG 45 bei knapp 50 Stundenkilometern, während der L 45 Benziner immerhin 62 Stundenkilometer schaffte. Die Fahrerkabine war eine recht primitive Konstruktion aus Holz und Blech. Das war aber in jenen Nachkriegsjahren durchaus verkraftbar. Da der Name Krupp auf Anweisung des Alliierten Kontrollrates nicht verwendet werden durfte, war als Emblem ein SW in einem Dreieck (für Südwerke) angebracht.

Dörfliche Idylle in den Drei-ßigerjahren. Ein Krupp L 2,5 H42.

Der Krupp „Widder" wurde 1955 erstmalig vorgestellt.

Bei den Motoren experimentierte man zunächst noch mit drei- und vierzylindrigen Zweitakt-Gegenkolbenmotoren auf der Entwicklungsbasis der frühen Dreißigerjahre. Bald wandte man sich jedoch dem aufgeladenen V-8-Zweitaktmotor zu, an dem 1938 bereits gearbeitet wurde. Bei den Südwerken arbeiteten nun auch ehemalige Ingenieure von VOMAG, die in den Westen übergewechselt waren. Sie brachten viele wertvolle Erkenntnisse in die Entwicklung ein. Die VOMAG-Leute empfahlen den Bau eines Wirbelkammer-Dieselmotors, während die Konstrukteure des Krupp-Stammes auf einem Zweitakter mit niedriger Drehzahl beharrten. Es gelang, trotz unzähliger Probleme, in dieser schwierigen Nachkriegszeit ein entsprechendes Triebwerk zu entwickeln. Das erste Aggregat war ein 3,1-Liter-Dreizylindermotor, der noch aus dem Kriege stammte, mit Rootsgebläse. Die Leistung betrug 70 PS. Anschließend schuf man einen 4,3-Liter-Dreizylindermotor nach dem gleichen System, der rund 100 PS leistete. Nachdem seitens der Besatzungsmächte überraschenderweise kein Verbot für Leistungssteigerungen über 100 PS hinaus ausgesprochen wurde, setzte

man zwei Dreizylindermotoren zu einem riesigen Triebwerksblock (8,7-Liter/190 PS/1.700 U) zusammen. Auf dem Pariser Autosalon von 1950 wurde dieser neue Typ als „Südwerke-Titan" vorgestellt. Sein äußeres Kennzeichen war die (motorbedingt) lange Haube, im amerikanischen Stil mit Zierleisten aufwendig gestaltet. Bei einem Gesamtgewicht von 10 Tonnen betrug die Nutzlast des „Titanen" rund 11 Tonnen. Der Rahmen war sogar für eine Gesamtlast von 19 Tonnen ausgelegt. Das geräumige Fahrerhaus mit Heizung und Schlafkabine war in einer Holz- und Stahlbauweise gefertigt. Der „Titan" besaß ein ZF-Sechsganggetriebe. Als

Krupp LD 4 gegen Ende der Dreißigerjahre im „Eildienst" für eine Düsseldorfer Spedition

technische Raffinesse galt die Krupp-Motor-bremse. Der Fahrer konnte über eine Hand-kurbel die Bremsleistung des Motors steu-ern, wobei die Nockenwelle verdreht wurde. Durch die geänderten Steuerzeiten arbeitete der Motor wie ein Kompressor – allerdings bei erheblicher Lärmentwicklung.

1951 wurde die Serienfertigung aufgenom-men und der „Titan" war mit dem auf 210 PS gesteigerten Doppelmotor bis 1954 der stärkste deutsche Lkw. Allerdings hatte das imposante Fahrzeug Licht und Schatten. Technische Probleme machten den „Kapitä-nen der Landstraße" ordentlich zu schaffen. Bei Volllast überhitzte beispielsweise der letzte Zylinder, das Gebläse arbeitete nicht immer korrekt und die zwei Einspritzanlagen hatten auch ihre Tücken. Bis 1954 wurden nur ganze 800 Stück verkauft, davon viele ins Ausland. Ab dem 1. Juli 1951 wurde der Fir-mensitz der Südwerke zurück nach Essen verlegt und die traditionsreichen Krupp-Ringe zierten wieder den Kühler der neuen Fahrzeuge. Nach und nach zog auch die Pro-duktion wieder in die alte Heimat. Der Fir-menname Krupp wurde aber erst 1954 wie-der offiziell eingetragen.

Neben dem „Titan" hatte Krupp 1951 auch den Muldenkipper „Cyklop" sowie die Typen „Mustang" L 60 und „Büffel" L 50 vorge-stellt. Der „Cyklop" bekam das vom „Titan" bekannte 210-PS-Triebwerk und konnte damit problemlos 13 Tonnen Material im Steinbruchbetrieb befördern, während der „Büffel" (5,5 Tonnen) mit 110 PS und der „Mustang" mit 145 PS auskommen mussten. Der Motor des „Büffel" war die „einfache Ausführung" des Dreizylinders, wie er im „Titan" zur Verwendung kam, beim „Mus-tang" kam eine Neuentwicklung zum Einbau. Die „Tiernamen-Philosophie" setzte sich bei Krupp in den neuen Modellen „Drache", „Tiger", „Widder" und „Elch" fort. Daneben gab es aber noch eine Reihe anderer Typen.

Zum Ende der Fünfzigerjahre war der Zwei-taktdieselmotor, auf den man bei Krupp ja so stark gebaut hatte, gegenüber den stän-dig weiterentwickelten Viertaktern der Mit-bewerber ins Hintertreffen geraten; tech-nisch, aber auch wirtschaftlich – und neben dem hohen Kraftstoffverbrauch störte der hohe Lärmpegel, der von diesem Triebwerk ausging. Das Fazit war ein starker Rückgang der Absatzzahlen. Krupp sann nach einem Ausweg. Um einer kostenintensiven und langwierigen eigenen Neuentwicklung auszuweichen, wurde bei der US-Firma Cum-mins Diesel Engine Ltd. die Lizenz zum Nach-bau des damals hochmodernen V-6-Viertakt-motors erworben. Der Cummins-Motor war ein Direkteinspritzer mit 2.600 Umdrehun-gen pro Minute. Der Unterschied zu anderen Dieselmotoren bestand im Einspritzverfah-ren durch einzelne Injektoren. Die Zylinder waren um 90 Grad versetzt. Seine Leistung betrug 200 Pferdestärken. Gegenüber den großvolumigen Langsamläufern besaß die Langhub-Maschine jedoch nur eine geringe Drehmomentbreite. Ein sechsstufiges Getrie-be mit einer Vorschaltgruppe ermöglichte dem Fahrer, den günstigsten Drehmoment-bereich zu wählen. Ab 1963 erfolgte die Li-zenzfertigung des Cummins auf einer neuen Taktstraße im Essener Lkw-Werk. Geplant war der Bau von Acht- und Zwölfzylindermo-toren.

Das damalige Flaggschiff der Krupp-Flotte, der Fernlaster 901, bekam nun mit der neuen Typ-Bezeichnung 960 zuerst den Cummins-Motor eingebaut. Die ersten Exemplare stammten noch aus der US-Fertigung. Die Umstellung des neuen Aggregates auf den Fahrzeugbetrieb brachte anfangs noch eini-ges Kopfzerbrechen. Optisch machte am Kühlergrill der Schriftzug „C-Motor" auf das neue Triebwerk aufmerksam.

Die Motorenstärken gingen immer mehr in die Höhe. Ab 1967 baute Krupp einen V-8-

Cummins mit 265 PS in die Typen LF 980, K 980 und AK 1080 ein. Die letzten Zweitaktmotoren bekam Anfang 1965 noch der „Mustang" 801. Im gleichen Jahr kam aber auch hier schon ein gedrosselter Cummins mit 186 PS unter die Haube.

Durch den Einsatz der leistungsstarken Triebwerke war das Interesse an Krupp-Fahrzeugen wieder geweckt worden und das machte sich auch in den Absatzzahlen bemerkbar – allerdings nur kurzzeitig.

Die Wirtschaftskrise Mitte der Sechzigerjahre bereitete dem Krupp-Konzern schwere Probleme und führte letztlich zum Aus im Lastwagenbau. Über 1.500 Lkw pro Jahr hatten zuletzt die Werkstore passiert, gefertigt von rund 1.700 Mitarbeitern. Der Marktanteil in der Klasse bis 16 Tonnen lag bei 1,4 Prozent, in der schweren Klasse über 16 Tonnen bei 11 Prozent.

1967 wurde ein letztes Fahrzeugprogramm vorgestellt, 1968 erfolgte die Einstellung der Produktion. Daimler-Benz übernahm die Verkaufsstellen der Kraftwagenabteilung und stellte auch die Ersatzteilversorgung sicher. Der Muldenkipperbau wurde 1969 an die FAUN-Werke abgegeben.

Der „klassische Krupp"! Sagt man Krupp, dann fällt meistens sofort der Name „Titan". Der mächtige Hauber erschien im Jahre 1950. Hier ein von der Wülfinger Firma Freytag aufgebauter Thermoswagen in Stubholzbauweise.

Liebherr

Die größten Muldenkipper der Welt

Die Liebherr-Großmuldenkipper werden im amerikanischen Herstellerwerk (Liebherr Mining Equipment Co.), das in Newport News/Virginia beheimatet ist, entwickelt und gefertigt. Großdieselmotoren, kombiniert mit elektrischen Radantrieben, ermöglichen einen Wirkungsgrad im Materialtransport, den große Tagebauminen in der ganzen Welt heutzutage fordern, um ihre Produktionskosten zu verringern. Zum Einsatz kommen diese Spezialfahrzeuge überall dort, wo in Tagebauminen große Mengen von Erdreich oder Abraum transportiert werden müssen. Insbesondere Kunden in den Vereinigten Staaten, in Australien, Indonesien, Chile, Argentinien, Südafrika und in der Mongolei setzen derzeit Liebherr-Muldenkipper ein.

TI 274

Der diesel-elektrisch angetriebene Großmuldenkipper TI 274, den Liebherr als Prototyp zur „Bauma 2007" erstmals präsentiert hat, bietet eine Nutzlast von 290 metrischen Ton-

nen. Beim Antriebskonzept des TI 274 wurden in vieler Hinsicht einzigartige Innovationen realisiert. An zwei nebeneinander liegenden Schwingachsen werden die vier Hinterräder jeweils einzeln von individuellen Motoren angetrieben. Die Hinterachsen können um etwa vier Grad in jede Richtung von der Mittellinie schwingen, um jedem Reifen das Beibehalten gleichmäßigen Bodendrucks in unebenem Gelände zu ermöglichen. Die Last einzelner Reifen wird durch diese innovative Antriebskonzeption wirksam gesenkt.

Technische Daten:

Nutzlast-Klasse:	290 t
Motorleistung:	3.042 PS
Maximales Einsatzgewicht:	460 t
Max. Fahrgeschwindigkeit:	64 km/h
Antriebssystem:	Liebherr Wechselstrom Antrieb

T 282 B

Der T 282 B ist der weltweit größte dieselelektrisch angetriebene Zweiachser auf sechs Rädern. Seit der Einführung des Vorgängermodells T 282 im Jahr 1999 hat sich dieser Muldenkipper als zuverlässiges, hochproduktives Transportgerät im weltweiten Mineneinsatz auch unter widrigsten Einsatzbedingungen bewährt.

Technische Daten:

Nutzlast-Klasse:	360 t
Motorleistung:	2.738–3.702 PS
Maximales Einsatzgewicht:	592 t
Max. Fahrgeschwindigkeit:	64 km/h
Antriebssystem:	Siemens/Liebherr Wechselstrom Antrieb

T 262

Mit einem Ladevolumen von 119 Kubikmetern war der T 262 bis zur Einführung des Modells T 282 das Flaggschiff der Liebherr-Muldenkipper.

Technische Daten:

Nutzlast-Klasse:	218 t
Motorleistung:	2.029–2.535 PS
Maximales Einsatzgewicht:	390 t
Max. Fahrgeschwindigkeit:	51 km/h
Antriebssystem:	GE Gleichstrom Antrieb

Liebherr Großmuldenkipper T 282 B

Liebherr Großmuldenkipper T 262

Mit dem kettengetriebenen Zweitonner MAN-Saurer begann bei MAN im Jahre 1915 der Lkw-Bau.

MAN

Die heute fast nur unter ihrem Kürzel MAN bekannte „Maschinenfabrik Augsburg Nürnberg" resultiert aus dem Zusammenschluss der Firmen „Maschinenbau-Actiengesellschaft Nürnberg" und der Aktiengesellschaft „Maschinenfabrik Augsburg" 1898. Zunächst wurde als Firmenname „Vereinigte Maschinenfabrik Augsburg und Maschinenbaugesellschaft Nürnberg AG" ins Handelsregister eingetragen, durch Umfirmierung 1908 entstand dann die „Maschinenfabrik Augsburg Nürnberg AG", kurz MAN.

Rudolf Diesel hatte nach langjährigen Versuchen mit Unterstützung von Ingenieuren des Nürnberger Unternehmens im Jahre 1897 den Dieselmotor bis zur Serienreife entwickelt und ab 1903 fertigte man schnelllaufende Viertakt-Schiffsdieselmotoren. Ein Jahr später wurde mit dem Bau von stationären Großmotoren begonnen. Die Entwicklung setzte sich weiter fort und MAN gilt heute als die älteste Dieselmotorenfabrik der Welt. Der Dieselmotor für Kraftfahrzeuge war vor dem 1. Weltkrieg technisch noch nicht umsetzbar und bei MAN wurden zunächst auch keine Autos gebaut. Das sollte sich jedoch ändern.

1915, nach einer Reihe von Versuchen, gab es auf Initiative des damaligen Generaldirektors Anton von Rieppel den Aufbruch ins Automobilgeschäft. Gestützt durch staatliche Förderung gründeten die MAN und die Schweizer Firma Saurer ein gemeinsames Unternehmen in Nürnberg, die „MAN-Saurer Lastwagen GmbH". Adolphe Saurer war anerkannter Spezialist in dieser frühen Zeit der Lkw-Geschichte und hatte bereits 1910 auf der deutschen Seite des Bodensees, in Lindau, ein eigenes Zweigwerk gegründet. Nach seinen Lizenzen begann MAN nun mit der Fertigung von Lastwagen in eben diesen Werkshallen. Somit wurden Kosten gespart und durch die Lizenz-Fertigung gewann man rasch an eigener Erfahrung auf dem neuen Sektor. Noch 1915 wurde die Produktion der zwar einfachen, jedoch sehr robusten Fahrzeuge nach Nürnberg verlegt.

Die ersten Fahrzeuge, in den Nutzlastklassen 2,0, 3,5, 4,0 und 5,0 Tonnen, liefen unter der Marke MAN-Saurer. Der Zweitonner hatte einen 30-PS-Motor, der des 3,5-Tonner leistete 36 PS, während die größeren Fahrzeuge einen 45-PS-Motor eingebaut bekamen. Die leichteren Typen hatten Kardanantrieb, die schweren Wagen erhielten einen Kettenantrieb. Dabei wurden die Hinterräder über eine quer liegende Kettenradwelle und durch Ketten angetrieben. Das Differenzial erhielt einen Getriebekasten, der vom Motor abgetrennt war. Die Fahrzeuge waren mit einer Motorbremse ausgestattet, die den Motor zum Kompressor umschaltete.

Die MAN-Saurer Lastwagen zeichneten sich durch einen ruhigen Lauf aus und galten als ausgesprochen betriebssicher. Auch Busse und Kommunalfahrzeuge wurden auf ihrer Basis gebaut. 1918 musste der Schweizer Partner Saurer auf Veranlassung der Obersten Heeresleitung aus der Gesellschaft ausscheiden, da die deutsche Führung keine bedeutenden ausländischen Industriebeteiligungen mehr duldete. Die Zusammenarbeit wurde auf der Basis eines Lizenzvertrages weitergeführt.

Im Jahre 1920 gliederte man die MAN in den Konzern der Gutehoffnungshütte (Oberhausen) ein. Obwohl der technische Erfahrungsaustausch mit Saurer in der Schweiz zunächst noch aufrecht erhalten wird, schlug MAN jetzt zunehmend einen eigenen Weg ein, der seinen ersten Höhepunkt mit der Vorstellung des ersten Diesel-Lastwagens der Welt, auf der Berliner Automobilausstellung 1924, hat. Die Versuche, einen brauchbaren Fahrzeugdieselmotor zu konstruieren, gingen bereits auf das Jahr 1898 zurück, als man in Nürnberg mit einem Zweizylinder-Dieselmotor experimentierte, der gegenläufige Kolben besaß und eine Leistung von 20 PS hatte. Rudolf Diesel selbst hatte ihn voller Erwartung „Nürnberger Kutschenmotor" bezeichnet. Doch trotz aller Bemühungen brauchte die Entwicklung ihre Zeit. Nach dem Kriege liefen wiederum Versuche an, unter anderem mit einem umgebauten MAN-Flugmotor und schließlich mit einem Einzylinder, der im Dauerbetrieb zufriedenstellende Leistungen zeigte.

Bis 1921 war es der Werkleiter Dr.-Ing. E.h. Franz Lang (1873–1956), der später das „Lanova-Verfahren" entwickelte und danach Dr.-Ing. Wilhelm Riehm (1885–1934), die sich besonders um die Entwicklung des Dieselmotors für Kraftfahrzeuge verdient gemacht haben. Leiter der MAN-Nutzfahrzeugabteilung war von 1920 bis zu seinem Wechsel zur VOMAG in Plauen, Oberingenieur Erwin Aders.

1923 leitete MAN mit diesem Prototyp die Diesel-Ära ein.

Im Ersten Weltkrieg produzierte MAN Nutzfahrzeuge zwischen zwei und fünf Tonnen.

1923 trugen dann die langjährigen Versuche der MAN-Ingenieure Früchte. Es war endlich gelungen, einen gebrauchsfähigen Dieselmotor zur Serienreife zu bringen. Es handelte sich dabei um einen Vierzylindermotor mit luftloser und direkter Kraftstoffeinspritzung nach dem Strahlzerstäubungsprinzip. Der Motorblock stammte aus der Vergaserbaureihe. Als bautechnische Besonderheiten galten die scheibenförmigen Brennräume im Kolben sowie die zwei tangential gegeneinander versetzten Düsen, die den Kraftstoff in die Vertiefungen der Kolben einspritzten. Dadurch ergab sich eine gründliche Verwirbelung des Ölstrahls mit der Verbrennungsluft. Die Kraftstoffpumpe war eine eigene Entwicklung von MAN. Die Förderleistung wurde durch Überströmventile geregelt. Das Überschreiten der Höchstdrehzahl wurde durch einen Fliehkraftregler verhindert, der gleichzeitig für eine Mindestdrehzahl beim Leerlauf sorgte. Dabei wurde die Kraftstoffzufuhr für zunächst zwei Zylinder unterbrochen.
Die ausgedehnten Versuchsreihen mündeten in einem 3,5-Tonner mit zunächst 40/45 PS.

Später kam der Motortyp D15808 mit 55 PS zum Einbau. Anfänglich wurde zum Starten noch eine Andrehkurbel benutzt.

Auf der Berliner Automobil-Ausstellung 1924 wurden drei Exemplare dieses weltweit ersten Diesel-Lkws vorgeführt. Sie stießen auf großes Interesse des fachkundigen Publikums. Die Bayerische Postverwaltung gehörte mit einer Bestellung von Dieselmotoren zum Einbau in ihre Omnibusse zu den ersten Kunden. Dennoch begann der Siegeszug der neuen Technik, wie es häufig ist, eher verhalten.

Mit dem Typ „KVB" wird 1925 der erste „eigenständige" MAN-Lkw vorgestellt, der im Wesentlichen ohne Rückgriff auf Saurer-Technik konstruiert worden war. 1.200 Exemplare fanden ihre Abnehmer, ausgestattet mit Benzin- oder Dieselmotoren.

Besondere Merkmale der MAN-Fahrzeuge zur Mitte der Zwanzigerjahre waren elektrische Anlasser und Vierrad-Druckluftbremsen. Zum Patent hatte man die Hinterachskonstruktion angemeldet, die aus einer tragenden Hohlachse mit dahinter liegenden, separaten Antriebswellen und einem

Test für die Bundeswehr: Das Foto dokumentiert Belastbarkeit und Geländetauglichkeit des MAN 630 L2AE.

gekapselten Seitenvorgelege über Stirnräder bestand. Dieses Konstruktionsprinzip, das auch die Räder entlastete und damit den Reifenverschleiß minderte, wurde bis in die Nachkriegszeit beibehalten. Zwischen Motor und Getriebe baute man Mehrscheibentrockenkupplungen ein und ein Getriebesperrregler setzte die Drehzahlen im Leerlauf oder auf ebenen Strecken herunter.

1926 wurde unter dem Namen „Großer MAN-Diesel" ein 80 PS starker Dreiachser vorgestellt, der mit Niederrahmenfahrgestell die Typ-Bezeichnung S1N6 bekam und mit Hochrahmen als S1H6 bezeichnet wurde. Der Antrieb erfolgte durch einen zentralen Kardanstrang mit einem Schneckengetriebe auf beide Hinterachsen, die durch Federpakete abgestützt wurden. Es gab drei Differenziale und seitliche Vorgelege. Als wartungsfreundlich wurden die außen liegenden und damit leicht zugänglichen Bremsen geschätzt.

Die enge Zusammenarbeit mit der Firma Saurer endete endgültig im Jahre 1931 durch die Aufhebung der Lizenzverträge. Saurer hatte zuletzt MAN-Motoren für seine Fahrzeuge bezogen.

1932 fand ein S1H6 mit dem damals stärksten Dieselmotor (Leistung: 150 PS/Hubraum 16.600 Kubikzentimeter) als „Stärkster Diesellastwagen der Welt" auf einer werbewirksamen Deutschlandfahrt große Beachtung. Es war die Zeit der Weltwirtschaftskrise und 1929 war MAN sogar gezwungen gewesen, die Dieselfahrzeuge aus dem Programm zu nehmen. Die Absatzzahlen sanken drastisch. 1931 wurden lediglich 184 Lkw verkauft, 1932 erreichte man einen Tiefstand von 144 Einheiten.

Trotz der wirtschaftlichen Misere hatte MAN in die Fahrzeugfertigung investiert und unter dem kaufmännischen Direktor Fritz Wenz und dem technischen Direktor auf Fließbandfertigung umgestellt. Es wurden ab 1932 nur noch Dieselmotoren eingebaut,

dazu kamen Einheitsgetriebe von ZF und druckluftgesteuerte Bremsen von Bosch. Ab 1933 verbesserte sich die Wirtschaftslage, nicht zuletzt durch die Zwangsmaßnahmen der neuen Machthaber, spürbar. Die Auftragsbücher füllten sich wieder.

Bei dem 1932 vorgestellten Dieselmotor von 150PS handelte es sich um einen Langsamläufer, der nach dem Luftkammerprinzip arbeitete. Alle sechs Zylinder waren in

Absatzzahlen inkl. Omnibusse:

1933:	323
1934:	983
1935:	1.555
1938:	2.568 (= höchster Stand der Friedensproduktion)

einem Block gegossen, für je drei Zylinder war zur einfacheren Wartung ein Zylinderkopf aufgesetzt. Die Kolben bestanden aus Leichtmetall, die siebenfach gelagerte Kurbelwelle hatte Gegengewichte. Die unten liegende Nockenwelle wirkte über Stoßstangen und Schwinghebel auf die Ventile. Das Starten des Motors besorgten zwei Anlasser.

Eine weitere Motorneuheit erschien im Jahre 1933 in Form des „Stahlmotors D273", dessen komplettes Zylindergehäuse, mit Ausnahme der Ölwanne, aus geschweißtem Stahl bestand. Laufbuchsen aus Grauguss waren eingepresst. Bei einem Hubraum von 12.200 Kubikzentimeter betrug die Leistung 110 PS (1.100 U/min.). Gegenüber eine gleichvolumigen, aber gegossenen Motor war er wesentlich leichter, konnte sich jedoch aufgrund des hohen Fertigungsaufwandes letztlich nicht durchsetzen.

In Russland nahm MAN 1934 erfolgreich an einem Wettbewerb für Auto-Dieselmotoren teil, bei dem eine Strecke von über 3.000 Kilometer von Moskau nach Tiflis zu bewälti-

Prospekttitel aus den Drei-ßigerjahren

Als freundliche Pausbacke präsentiert sich dieser MAN 770 L 1 zum Anfang der Sechzigerjahre.

gen war. Der Lohn der Strapazen: Platz 1 in der Lkw-Wertung.

Auf der Automobil-Ausstellung 1937 stellte MAN ein komplettes Programm im neuen Design vor. Optisch fiel sofort der leicht nach hinten geneigte Kühlergrill auf. Die Angebotspalette stellte sich wie folgt dar:

Ab 1939 läuft auch bei MAN die Kriegsproduktion, mit allen ihren Vorgaben und technischen Einschränkungen, an. Trotzdem wurde bereits jetzt das Fundament für die

Modell E 2:	65 PS, Nutzlast 2,75 t
Modell Z 2:	80 PS, Nutzlast 3,33 t
Modell D1:	90 PS, Nutzlast 4,00 t
Modell M 1:	120 PS, Nutzlast 5,00 t
Modell F 4:	150 PS, Nutzlast 6,50 t

späteren Erfolgsjahre geschaffen. In Form der Typen SML (Straße) und SMLG (Allrad/ Gelände), die ab 1940/41 ML4500S und 4500A hießen, entstand der MK, der ab 1945/46 die Zeichen für die Zukunft stellte. Durchschnittlich wurden bei MAN gegen Ende der Dreißigerjahre rund 2.500 Nutzfahrzeuge hergestellt. Die höchste Produk-

tionsrate gab es 1942 mit 3.290 Fahrzeugen. Insgesamt wurden von 1918 bis 1944 etwa 30.000 Einheiten gebaut.

Wie in den meisten anderen Fahrzeug-Werken stand man auch bei MAN bei Kriegsende vor schier unlösbaren Problemen, als US-Truppen am 16. April 1945 in Nürnberg einmarschierten. Durch wiederholte Luftangriffe waren Anlagen und Maschinen zu rund 80 Prozent zerstört worden. Die unbeschädigt gebliebenen Einrichtungen wurden zunächst beschlagnahmt. Dennoch gelang es bereits im Mai 1945, unter strenger Aufsicht durch die Besatzungsmacht, Reparaturaufträge für US-Militärfahrzeuge auszuführen und auch die Ersatzteillieferung lief wieder an. Im Herbst 1945 bekam MAN sogar die Genehmigung zur Fertigung eines ersten Nachkriegslastwagens, der natürlich nichts anderes war als ein Vorkriegslastwagen. Es handelte sich dabei um den 4,5-Tonner MK, der mal SML geheißen hatte und im Krieg als ML 4500S vom Band lief. Unter unsäglichen Schwierigkeiten war es möglich, den ersten „neuen" Laster an Weihnachten 1945 fertigzustellen. Dieses und acht weitere Fahrzeuge, die ebenfalls noch 1945 montiert wur-

den, bestanden im Wesentlichen aus vorhandenen Ersatzteilen. Als Bereifung wurden teilweise Hartgummi-Stahlreifen verwendet. Im Jahre 1946 wurden dann schon insgesamt 311 MK (= Bezeichnung für Kurzhaube) hergestellt. Die westalliierten Besatzungsmächte begrenzten die Materiallieferungen bis zum Jahre 1949, standen der MAN jedoch größere Mengen von Rohmaterial zu, um Aufträge aus dem Ausland anzunehmen. Einen solchen Auftrag erteilte die Schweiz 1947. 400 Exemplare des 4,5-Tonners wurden geordert. Diese Großbestellung führte zu einer Gesamtfertigung von 617 Fahrzeugen. 1948 steigerte sich die Produktionszahl auf 725 Fahrzeuge. Neben den Exportaufträgen mussten die meisten Fahrzeuge an Kommunalverwaltungen abgegeben werden.

1949 sah die Welt schon wieder besser aus. Durch die Währungsreform, ein Jahr zuvor, war wieder eine geregelte Wirtschaft möglich und das Augenmerk auf die Zukunft gerichtet. Die Hannover-Messe, an der auch MAN teilnahm, zeigte bereits erste Spuren von neuem Optimismus.

In den Nürnberger Werkshallen hatte zu diesem Zeitpunkt bereits wieder die Serienproduktion begonnen, wenngleich es noch keine neuen Typen gab. Noch baute man die alten, wenngleich modifizierten, Fahrzeuge aus der Vorkriegs- und Kriegszeit, von denen in jenem Jahr 857 Stück die Produktionsstätte verließen. Das änderte sich jedoch bereits ein Jahr später, mit der Vorstellung des neuen Fünftonners MK 25 und mit dem 6,5-Tonner MK 26. Der MK 26 fiel durch eine etwas breitere Haube auf und hatte Trilex-Speichenräder. Er war für den Anhängerbetrieb vorgesehen und konnte mit einer hinteren Schleppachse auch als Dreiachser (MAN MK 26D) geliefert werden. Die bis 1954 hergestellten Typen gab es auch mit permanentem Allradantrieb als MK 25A und MK 26A.

1950 stieg die Produktion auf 1.400 gefertigte Lastwagen an und man richtete einen Montagebetrieb in Brasilien ein, um von hier den südamerikanischen Markt zu bedienen.

1951 hatte MAN auf der Internationalen Autoausstellung in Frankfurt den ersten deutschen Dieselmotor mit Abgasturbolader vorgestellt. Er wurde in einen MK 26 eingebaut präsentiert. Die Motorleistung von normal 130 PS steigerte der mit 40.000 U/min. laufende Turbolader um 30 Prozent auf 175 PS. Die Konstruktion entstand in Zusammenarbeit mit dem Strömungsmaschinenbau in Augsburg, erwies sich aber zunächst noch als störanfällig.

Gleichzeitig stellte MAN in Frankfurt auch sein neues Flaggschiff, den F 8 vor, ein Fernverkehrs-Lkw mit einer Tragkraft von 8,3 Tonnen. Der neu entwickelte 11,6-Liter-Motor war ein Achtzylinder (V-Anordnung) mit einer Leistung von 180 PS. Das starke Triebwerk bescherte dem F 8 eine große Kraftreserve und machte ihn im Fernverkehr ausgesprochen beliebt. Seine Höchstgeschwindigkeit lag bei 60 Stundenkilometer. Das Führerhaus war eine Ganzstahlkonstruktion. Die Haube des F 8 war breiter als die seiner Typ-Vorgänger und die Scheinwerfer hatte man in die Kotflügel integriert. Das Fahrzeug blieb in der Exportversion bis 1963 in der

Hier wird die multifunktionale Einsatzmöglichkeit demonstriert.

Produktpalette. In dem Spielfilm „Nachts auf den Straßen" (mit Hans Albers und Hildegard Knef) wurde dem brandneuen MAN F 8 noch 1951 ein lebendiges Denkmal gesetzt.

1952 wurde von Prof. Dr.-Ing. E. h. Siegfried Meurer das nach ihm benannte „M-Verfahren" zur Serienreife entwickelt, nach dem nun sämtliche Fahrzeugdieselmotoren von MAN konstruiert wurden. Die Konstruktion hatte neben dem Kugelbrennraum Drallkanäle in den Ansaugleitungen, um die Drehgeschwindigkeit der Verbrennungsluft zu erhöhen. Der Kraftstoff wurde durch eine besonders gekühlte Zweilochdüse unter 175 at Druck auf allerkürzestem Weg filmartig auf die Wand des Verbrennungsraumes gespritzt, wobei etwa 5 Prozent des Kraftstoffes zur Initialzündung ausreichten. Damit war ein Feuerkreisel gezündet, dessen glühender Wirbel im Verbrennungstopf an dem allmählich verdampfenden Kraftstoff-Film vorbeiraste und vollständig in Schichten abbrannte. Durch den stufenförmigen Verbrennungsvorgang wurde das für Dieselmotoren typische „Nageln" weitgehend vermieden. Der Motor lief weich und elastisch und hatte einen hohen Wirkungsgrad. Hinzu kam eine weitgehende Unempfindlichkeit gegen unterschiedliche Kraftstoffqualitäten, durch die sich die technischen Bedingungen für den Vielstoffmotor verbesserten. Das Kaltstartverfahren wurde durch eine Vorwärmung der Ansaugkanäle optimiert. Die Kolbenbögen spritzte man von unten mit Motoröl an und kühlte sie dadurch auf 340 Grad ab.

1954 hatte man die Produktion sämtlicher MAN-Fahrzeugmotoren auf das „M-Verfahren" umgestellt. Es war auch möglich, ältere Motoren mit einem neuen Zylinderkopf dahingehend umzurüsten. Ein nicht zu unterschätzender Nachteil des neuen Motors war jedoch sein hoher Kraftstoffverbrauch. Als weiterer Höhepunkt der technischen Entwicklung stellte MAN im Jahre 1954 einen äußerlich unveränderten F 8 vor, unter dessen Haube jedoch ein anderes, stärkeres Herz schlug. Es handelte sich dabei um den Typ 750 TL, der statt des V8-Motors ein 155 PS starkes Sechszylinder-Triebwerk mit Abgasturbolader besaß. Äußerlich war er an dem kronenförmigen Schriftzug „Turbo" am Kühlergrill zu erkennen. Der technischen Entwicklung schon ein Stück vorausgeeilt, zeigte Deutschlands erster serienmäßiger Turbodiesel im Alltagsgebrauch, dass er noch nicht gänzlich ausgereift war. Er wurde daher 1957 wieder aus dem Angebot genommen.

1955 erwarb MAN das ehemalige BMW-Flugmotorenwerk in München-Allach und verlagerte zunächst Teile der Nutzfahrzeugproduktion auf dieses 700.000 Quadratmeter große Areal. Ab dem 15. November 1955 liefen hier die ersten Lkw und Schlepper vom Band. 1957 hatte man die Fertigungsumstellung von Nürnberg nach München abgeschlossen. 5.000 Beschäftigte ließen in diesem Jahr 5.434 Fahrzeuge von vier Montagebändern rollen.

Pontons und Pausbacken

Im Sommer 1955 wurde mit dem „400 L" ein zwar etwas unauffälliger Typ vorgestellt, der sich aber in zahlreichen Varianten zum dauerhaften Erfolgstyp mauserte. Unter der rundlichen Pontonhaube des modern gestalteten Fahrzeugs arbeitete ein neu entwickelter 100-PS-Motor. Gebaut bis 1958, erschien bereits 1957 der verbesserte Nachfolger „415 L", der mit einem aufgebohrten 5,9-Liter-Motor mit 115 PS ausgerüstet war.

Ab 1957 wurden in äußerlicher Anlehnung an die Haubenwagen auch Frontlenkertypen gebaut. Daraufhin änderten sich auch die Typenbezeichnungen in Form des angehängten Buchstabens „H" für Haubenwagen und „F" für Frontlenker. 1965 wurde das alte Fahrerhaus noch kurzfristig kippbar gestaltet, was

Ab 1979 gab es im Segment der leichten bis mittleren Klasse (2,7–6,4 t) eine Kooperation zwischen MAN und VW.

zum Typenzusatz „BF" (= Bewegliches Frontlenkerfahrerhaus) führt. Dieser Zusatz entfiel 1967 bei der Einführung der neuen Frontlenkergeneration wieder. Im September 1959 stellte MAN drei Prototypen der neuen „richtigen" Nachkriegs-Dreiachser vor. Davor gab es nur einige Exportausführungen mit einer Nachlaufachse. Allerdings blieben die frisch vorgestellten Prototypen zunächst auch Einzelexemplare. Die Serienlaster erschienen erst rund drei Jahre später auf dem Markt.

Bei der Motorenentwicklung gelang 1958 ein weiterer Durchbruch. Prof. Dr.-Ing. E. h. Siegfried Meurer und seinem Technikerstab war es gelungen, auf der Basis des „M-Motors" einen Vielstoffmotor zu entwickeln.

Von 1960 bis 1967 wurde wieder ein Sechszylinder mit Abgas-Turbolader ins Programm genommen. 1963 stellte MAN auf der Frankfurter Automobilausstellung die neue HM-Motorengeneration vor. Durch eine besondere Anordnung der Ansaugkanäle, durch einen noch intensiveren Feuerkreisel und die Luftanreicherung war die Kraftstoffverbrennung

rauch- und verlustfreier. Entwickelt von dem Ingenieur Ludwig Elsbeth, der 1951 bereits den sogenannten „Elsbeth-Wagen" mit einem Diesel-Sternmotor konstruiert hatte, brachten die Verbesserungen am 9,7-Liter-Motor des Typs 10 212 schon ohne Aufladung eine Leistung von 212 PS. Mit dem Turbolader kam man auf 230 PS; er wurde 1966 wieder aus dem Programm genommen.

1965 erweiterte MAN sein Angebot von zehn auf 15 Grundmodelle. Darunter befand sich die schwere Dreiachs-Sattelzugmaschine 14.230 mit einem Großraum-Fahrerhaus, von der allerdings nur ganze fünf Exemplare gefertigt wurden.

Zwischen 1967 und 1977 wurde die schon länger bestehende Zusammenarbeit mit der französischen Renault-Tochter Saviem intensiver ausgebaut. Aus Frankreich wurden Transporter importiert und leichte Saviem-Lastwagen, unter Verwendung zugelieferter Baugruppen und Motoren, montiert. MAN übernahm im Gegenzug die Betreuung der schweren Lastwagen beider Hersteller.

5.600 Transporter und 7.100 leichte Lastwagen mit „französischer Note" hatten während dieser zehn Jahre die MAN-Montagebänder verlassen, während die Münchner 20.000 Vorderachsen und über 25.000 Motoren nach Frankreich lieferten. Trotzdem wurde der Vertrag wieder aufgelöst, wobei politische Gründe auch eine nicht ganz unwichtige Rolle spielten.

Kantige Frontlenker und rundliche Kurzhauber

Trotz schlechter Wirtschaftslage hatte MAN 1967 über 12.000 Fahrzeuge absetzen können und war damit hinter Daimler-Benz und vor Klöckner-Humboldt-Deutz (Magirus) die Nummer 2 in Deutschland.

Bei der „IAA" in Frankfurt 1967 präsentierte MAN ein neues, mit Saviem für beide Marken entwickeltes Fahrerhaus. Es wirkte mit seiner kantigen, gradlinigen Form zeitlos und hatte mit den üblichen leichten Abwandlungen rund zwanzig Jahre Bestand. Die Haubenwagen, hauptsächlich im Baugewerbe geschätzt, erhielten 1969 optische und technische Veränderungen. Die rundliche Form war erhalten geblieben, doch konnte nun die

Münchner Kooperation: MAN baute das Fahrzeug, Meiller konstruierte den Spezialkipper.

Riskant, aber eindrucksvoll: Ein MAN-Dreiachser mit Meiller-Kippaufbau demonstriert die Beladegrenze.

gesamte Motorhaube, einschließlich der Kot-flügel, zur Wartung nach oben geklappt werden. Die jetzt eckigen Scheinwerfer waren in die Stoßstangen eingelassen.

Aufgrund derartiger Versuche in den USA beschäftigte man sich auch bei MAN mit dem Gasturbinenantrieb. 1969 stellte man einen ansonsten handelsüblichen Fernlast-zug (38 Tonnen) entsprechend ausgerüstet vor, äußerlich nur durch zwei Abgasrohre erkennbar, die hinter dem Fahrerhaus nach oben ragten. Bei Testfahrten erreichte man mühelos eine Dauergeschwindigkeit von 100 Stundenkilometer. Angenehm fiel auch der vibrationsfreie Lauf und der geringe Wartungsbedarf auf. Hinzu kam der geringe Schadstoffgehalt der Abgase. Diesen Vorteilen stand ein sehr hoher Kraftstoffverbrauch gegenüber, der einen Einbau in Nutzfahrzeuge nicht rechtfertigte.

Daimler-Benz, Büssing und VW

Im September 1970 wurde zwischen MAN und der Daimler-Benz AG ein Kooperationsvertrag im Bezug auf die Motorenfertigung geschlossen. Offiziell zur Kostensenkung bei größeren Stückzahlen dargestellt, steckte das Bundesverteidigungsministerium dahinter, das für die in Planung befindliche Kfz-Folgegeneration der Bundeswehr eine weitgehende Vereinheitlichung wichtiger Baugruppen anstrebte. Ein weiterer Punkt dieses Vertrages, der bis 1981 Gültigkeit besaß, war die Entwicklung und Produktion von Außenplaneten-Antriebsachsen. Von der Baureihe „F 90" (ab 1986) gab es die AP-Achsen bei MAN nur noch für Schwerstfahrzeuge. Auf Wunsch wurden sie auch noch in Bau- und Straßenfahrzeuge eingebaut. In erster Linie fand nun aber die, mit der US-Firma Eaton entwickelte, Hypoidachse Verwendung.

Im Jahre 1971 wurden die traditionsreichen Büssing-Werke in Braunschweig und Salzgitter-Watenstedt übernommen. Unter der Bezeichnung MAN-Büssing wurden das Unterflurprogramm weitergeführt und zunächst dafür noch Karosserien von Büssing aufgebraucht. Die Baustellenfahrzeuge mit stehenden Motoren nahm man aus der Fertigung. Nach Abschluss der Integration 1972 zierte das Emblem des Welfenherzogs Heinrich der Löwe nun auch den Kühlergrill der MAN-Fahrzeuge. Die Unterflurfahrzeuge behielten den Namenszusatz Büssing bis 1979 bei, während die Fahrzeuge aus Münchener Produktion den Schriftzug „MAN-Diesel" bekamen. Der Burglöwe aus Braunschweig ist außerhalb seiner engeren Heimat wenig bekannt und heutzutage wird in ihm mehr der „Bayerische Löwe" vermutet.

In der zweiten Hälfte der Siebzigerjahre gingen MAN und das Volkswagenwerk eine Vereinbarung zur Entwicklung einer Typenfamilie im leichten Nutzfahrzeugbereich ein. Dem im August 1977 geschlossenen Abkommen folgte die Vorstellung der Typen auf der IAA im Jahre 1979. Es handelte sich anfangs um vier Typen in der Nutzlastklasse von sechs bis neun Tonnen. Aufgrund preis- und verkaufspolitischer Widrigkeiten ließen sich die erhofften Jahresabsatzzahlen von rund 15.000 Fahrzeugen nicht erreichen, sondern pendelten sich bei etwa einem Drittel ein.

Dank modernster Technik im Cockpit kann der Fahrer sich auf den Verkehr konzentrieren.

Neues in den Achtzigern

Bis zum Anfang der Achtzigerjahre hatte MAN eigentlich keine echten Mittelklasse-Lastwagen gebaut, wenn man davon absieht, dass sich die Größenordnungen verschoben haben. Lag man vor dem Krieg mit bis zu 6 Tonnen in der Mittelklasse, so änderte es sich später auf das Doppelte des Gesamtgewichtes und das Doppelte der Nutzlast. Da war die Firma MAN zwar immer mit von der Partie, doch die Nutzfahrzeuge waren in ihrem Ursprung Schwerlastkraftwagen, die man entsprechend angepasst hatte.

Saubere Sache: Dank hydraulischer Ladeklappen können die Paletten direkt in den Lkw geschoben werden.

Typisches Bild auf heutigen Straßen sind derartige Verteiler-Lkws. Hier ein MAN mit Kühlaufbau.

Die ersten „Mittelklässler" gab es ab dem Frühjahr 1983 in der Gewichtsklasse 12–16 Tonnen. 1986 wurde mit dem Typ F 90 die nächste Baureihe vorgestellt. Namensgeber war hier die völlig neue Kabine („Fahrerhaus 90"). Optisch gleich als MAN erkennbar, wirkte sie in ihrem Erscheinungsbild dem Vorgänger ähnlich, doch in ihrem Inneren hatte sich eine Menge getan. Das Fahrerhaus war breiter und länger ausgeführt, die Frontscheibe wurde höher angebracht und die Rückwand stand nun senkrecht. Die Federung wurde ebenso wie das Seitenneigungsverhalten verbessert und der Motor tiefer gelegt, um eine bessere Geräuschdämmung zu erzielen. Drei Varianten gab es zur Auswahl: Kurz, Lang, Großraum.

Zur Mitte der Achtzigerjahre frischten die Münchner auch ihr Logo auf: Aus „M.A.N." wurde nun das moderne und zeitloser wirkende „MAN".

Als Standardmotor kam der 11,9-Liter-Saugmotor mit 290 Pferdestärken zum Einbau. In den Turboladerversionen waren Leistungen bis 360 Pferdestärken möglich. Im Herbst 1987 erschien mit dem 19.462 FLS der stärkste Fernverkehrs-Lastzug in Europa. Bei dem verwendeten Motortyp D 2840 LF/460 handelte es sich um einen Zehnzylinder (V-Form) mit Turbolader und Ladeluftkühlung (Bohrung 128 x 142 Millimeter und Hubraum 18.273 Kubikzentimeter).

Ab 1994 wurde der F 90 durch die neue Baureihe F 2000 ersetzt; äußerlich in erster Linie durch vier einzelne Scheinwerfer und eine neue Frontschürze erkennbar. In der mittleren Klasse folgte dann 1996 dem M 90 der M 2000. In den neunziger Jahren verschwand auch das technische Markenzeichen der Büssing-Ära, der Unterflurmotor aus der Produktionspalette von MAN. Was blieb, ist der Burglöwe im Markenemblem.

Neue Typen im neuen Jahrtausend

Zum Anbruch des neuen Jahrtausends
wehte ein frischer Wind bei MAN. Im Jahr
2000 stellte das Münchner Unternehmen
ihr neues Spitzenmodell „TGA" vor (TG =
Trucknology Generation) vor, das mit Best-
noten in der Fachpresse einschlug und sich
binnen kürzester Zeit auch bei den Verkaufszahlen in Szene setzten konnte. Im
Jahre 2003 war mehr als jeder vierte in
Deutschland verkaufte Lastwagen aus
München. Der Erfolg war natürlich kein
Grund, sich in den Konstruktionsabteilungen auszuruhen. Kundenbefragungen und
Marktanalysen flossen in die Weiterentwicklung kontinuierlich ein und nach rund
230.000 produzierten TGA präsentierte
MAN im Herbst 2007 die Ablösung dieses
Erfolgsmodells in Form des neuen Lastwa-
gens TGX und seines kleineren Bruders

TGS. Neue Maßstäbe bei Sicherheit und
Wirtschaftlichkeit wurden den beiden
neuen Modellen dabei mit auf den Weg gegeben. Damit startete MAN erfolgreich in
das neue Jahrtausend.

*MAN-Hängerzug beim Fahr-
training auf nasser Piste.*

*Fast alle bekannten Nutz-
fahrzeughersteller sind bei
der Dakar-Rallye dabei.*

Mythos Opel „Blitz" – Einer für alles

Ein typisches „Brot- und Butterauto", das Jahrzehnte lang den deutschen Nutzfahrzeugmarkt prägte, war der Opel „Blitz", der in unzähligen Varianten von 1931 bis 1987 gebaut wurde.

Sein Name resultierte aus einem groß angelegten Preisausschreiben der Opel Werbeabteilung. Hauptgewinn: ein Auto! Das war sensationell für eine Zeit, die von Wirtschaftskrise und Arbeitslosigkeit geprägt wurde. Neben der 4-PS-Opel-Limousine winkten auch noch vier Motorräder des Typs Opel „Motoclub" als weitere attraktive Preise. Die Teilnahme am Preisausschreiben war überwältigend: Über 1,5 Millionen Einsendungen gingen der Opel Reklameabteilung zu.

Im November 1930 verkündete Verkaufsleiter Peter Andersen im Rahmen einer repräsentativen Händlertagung im Frankfurter Ufa-Palast den Namen einer neuen Lkw-Generation: Opel „Blitz".

Die ersten Modelle zeigten noch klar ihren amerikanischen Ursprung, denn im Jahre 1928 hatte General Motors die Aktienmehrheit an der Adam Opel AG übernommen. Die weltweit erfolgreiche Marktstrategie der Amerikaner stellte auch auf dem dahindümpelnden deutschen Markt die Weichen neu.

Mit dem Konzept des erfolgreichen Chevrolet-Lastwagens und dem nachgebauten Buick-Marquette Motor war die Grundvoraussetzung für den neuen Lkw in den Typenklassen 1,5 und zwei Tonnen gegeben – und der „Blitz" startet so erfolgreich, wie man sich das kaum erhoffen konnte. Die Auftragsbücher füllten sich rasch. Im Jahr 1931 liefen schon rund 2.000 Fahrzeuge beider Typen vom Band, was sich in der Verkaufsstatistik mit einem Plus von 17 Prozent gegenüber dem Vorjahr niederschlug.

Der Erfolg des „Blitz"-Schnell-Lastwagens hing mit seinem Konstruktionsprinzip zusammen: geringes Eigengewicht in Verbindung mit hoher Nutzlast. Dazu kam mit dem zwar veralteten, aber bewährten, „Marquett"-Motor ein problemloses Triebwerk. Der Sechszylinder-Blockmotor mit stehenden Ventilen leistete zunächst 61 PS, ab 1932 waren es dann 64 PS. Der Motor selbst war aus Grauguss, die Kolben bestanden aus Aluminiumguss. Eine Besonderheit war die Verwendung eines Sechszylindermotors in dieser Leistungsklasse. Den „Blitz" gab es zunächst in drei verschiedenen Radständen. Seine Höchstgeschwindigkeit betrug anfangs 65 Stundenkilometer, später war er dann 75 Stundenkilometer schnell. Das ursprüngliche Bremssystem (Seilzug) wurde ab 1932 verbessert. Es kam statt der Getriebebremse eine zusätzliche Hinterradbremse zum Einbau. Der 2,5-Tonner („Blitz 3 L") ging ebenfalls 1932 in Serie. Es gab ihn, in kleiner Stückzahl, unter anderem als Zugmaschine für Sattelschlepper-Busse. 1933 wurde die Angebotspalette mit dem „Blitz 1-Tonner" weiter abgerundet und auch die kleinen Lieferwagen für 400 Kilo Nutzlast konnten jetzt mit der neuen Karosserie bestellt werden.

Einen besonderen Stellenwert bemaß man im Hause Opel dem Kundendienst; denn zufriedene Kunden sind seit jeher die beste Werbung. Parallel zur Entwicklung der Mo-

Opel „Blitz" Dreitonner „S" der Wehrmacht auf staubiger Piste

Zumindest haben die Soldaten ihren Humor nicht verloren: Opel „Blitz" im eisigen Winter der Ostfront. Beachtenswert: Das umgestürzte Fahrzeug im Bildhintergrund.

dellpalette lief daher eine spezielle werksinterne Schulung an. Ausgerichtet auf die einzelnen Zielgruppen bekamen die Opel-Verkäufer spezifische Abnehmer-Analysen für Handwerker, Spediteure, Kaufhäuser, Brauereien, Omnibusbetriebe und Kommunen. Letztere sollten vor allem für die neuen Krankenwagen, Entsorgungsfahrzeuge und Feuerwehraufbauten interessiert werden; denn noch war die Nachfrage im Bereich der Zivilfahrzeuge durch die schlechte Konjunktur beeinflusst – und noch fehlten die Aufträge für Militärfahrzeuge, was allerdings auf Opel selbst zurückzuführen ist. Man hatte den Schwerpunkt eindeutig auf die Motorisierung breiter Bevölkerungsschichten gesetzt. Um Fertigungsprogramme bei der Reichswehr war man bis dahin nicht bemüht gewesen.

Die Machtübernahme der Nationalsozialisten zog dann ab 1933 eine Reihe von Arbeitsbeschaffungsmaßnahmen nach sich, die durch die aufkommende Nachfrage, nicht nur im Bereich der Konsumgüter, für eine Belebung sorgten. Nicht nur im zivilen Bereich entstand ein Bedarf an Lastkraftwagen, sondern auch der Autobahnbau und die zunehmende Aufrüstung sorgten für die Auslastung der Produktionskapazitäten. So stieg die Monatsproduktion bei Opel bis zum März 1935 auf 11.500 Personen und Lastwagen. Damit

war dann allerdings auch die Kapazitätsgrenze im Rüsselsheimer Werk erreicht. Eine neue Produktionsstätte war zwingend erforderlich und wurde am 1. April 1935 durch eine Pressemitteilung des Opel Aufsichtsrates bekanntgegeben. Bis Oktober 1935 sollte in Brandenburg an der Havel, auf einem Areal von insgesamt 850.000 Quadratmeter, ein neues Werk nach modernsten Gesichtspunkten entstehen. Brandenburg sollte die neue Heimat des Opel „Blitz" werden und bereits am 16. November 1935 rollten die ersten Lkws aus den Hallen, in denen teilweise die Farbe noch nicht ganz trocken war.

Opel verstand es, seine zweifelsohne guten Fahrzeuge auch richtig ins Licht zu setzen. So verließen am 7. September 1935 fünf „Opel-Blitz-Karawanen" das Werksgelände in Rüsselsheim zu einer Deutschlandfahrt als mobile Verkaufsschau. Es handelte sich dabei jeweils um elf einheitlich in Rot lackierte Opel „Blitz" mit verschiedenen Aufbauten, an deren Spitze ein Lautsprecherwagen fuhr. Ohne Zweifel sorgten diese Konvois brandneuer Lastkraftwagen überall für Aufmerksamkeit und zogen nicht nur die Blicke des interessierten Fachpublikums auf sich. Opel zeigte im wahrsten Sinne des Wortes „Kundennähe". Potenzielle Käufer konnten sich direkt vor Ort ein Bild der viel-

fältigen Angebotspalette machen. So sah das Opel-Lastwagenprogramm im Jahre 1935 aus:

- Blitz 1-Tonner (2-Liter-Sechszylinder) als Chassis, Chassis mit Führerhaus, Kasten und Pritschenwagen
- Blitz 2-Tonner (3,5-Liter) als Chassis und Pritschenwagen mit Radständen von 3,41 m und 4,00 m
- Blitz 2,5-Tonner (3,5 Liter) als Chassis und Pritschenwagen mit 4 m Radstand
- Blitz 2,5 Tonner (3,5 Liter) Spezialchassis (z. B. für Busse) mit 4,65 m Radstand

Zusätzlich konnten Fahrgestelle mit Hilfe einer besonderen Hinterachsübersetzung auch als Zugmaschine für Fünftonner-Sattelauflieger eingesetzt werden. Die 2- und 2,5-Tonner zeichneten sich durch die Möglichkeit aus, sie mit höherem als im Kfz-Brief angegebenen Gewicht zu beladen. Bemerkenswert: Die Fahrzeuge konnten mehr Gewicht tragen, als sie selbst wogen. Die Produktion dieser Typen belief sich auf 10.000 Stück.

Im Frühjahr 1936 schlug dann die Geburtsstunde des wohl bekanntesten deutschen Lkw-Typs der Vorkriegszeit, dem Dreitonner „Blitz S". Alleine von Mai 1936 bis Juli 1937 wurden 4.800 Lkws hergestellt, dazu kamen noch über 800 Bus-Fahrgestelle. Zwischen Januar und Oktober 1938 wurde das „Blitz"-Programm konsequent erweitert. Einmal war es der lang erwartete 1,5-Tonner, der mit dem neuen Sechszylinder-Kurzhubmotor wahre „Blitz"-Eigenschaften entwickelte. Die Nachfrage nach diesem wirklichen Schnelllaster war groß, die Produktionszahlen blieben dagegen klein, da sich die militärischen Vorgaben auf das Produktionsprogramm auswirkten.

Auch ohne Aufträge des Militärs war es Opel gelungen, zum größten europäischen Automobilhersteller der Dreißigerjahre zu werden, wobei die Nutzfahrzeugfertigung wesentlichen Anteil hatte. Sie betrug

1934/35 zwischen zehn und 15 Prozent der Gesamtproduktion. 1937 waren es 19 Prozent und im Jahr 1939, als die Pkw-Fertigung noch auf vollen Touren lief, schon 24 Prozent. In der Klasse der Dreitonner lag Opel sogar bei 35 Prozent Marktanteil. Opel setzte sein Motto „Wenige Typen – Große Stückzahlen" in vollem Maße um.

Der Zweite Weltkrieg brachte jedoch eine drastische Zäsur. Ab 1940 wurde fast ausschließlich für die Wehrmacht produziert. Ob in der Wüste Nordafrikas oder auf den verschlammten Rollbahnen der Russlandfront, der „Blitz" zeigte sich auch in Feldgrau von seiner bewährt zuverlässigen Seite und war bei den Militärkraftfahrern ausgesprochen beliebt. Er wurde in zahlreichen Varianten, darunter mit Allradantrieb und als Halbketten-Lkws, gebaut.

Nachdem das Opel-Werk in Brandenburg, im August 1944, durch einen Großangriff alliierter Bomber zerstört worden war, musste die Produktion dort komplett eingestellt werden. Die Lizenz-Fertigung des „Blitz" wurde bereits zuvor Daimler-Benz übertragen, wo man zähneknirschend die Produktion des eigenen Dreitonners einstellen musste und ab dem 20. Juli 1944 den Opel als Typ L701 nachbaute. Äußerlich nur erkennbar am fehlenden Kühleremblem.

Die Halbkettenvariante „Maultier" wurde ab Herbst 1942 gebaut. Der sogenannte Gleisketten-Lkw war auf die schwierigen Wegverhältnisse an der Ostfront ausgerichtet.

Die Opel-Produktion in Brandenburg konnte vor Kriegsende nicht mehr aufgenommen werden, obwohl es gelang, die Anlagen weitgehend wieder instand zu setzen. Nach dem Einmarsch der Roten Armee wurden diese dann demontiert und als Reparationsleistung in die Sowjetunion geschafft. Nichts blieb zurück, sogar Einrichtungsgegenstände und Waschbecken wurden abtransportiert. Für Opel die Stunde null.

Man blieb jedoch nicht untätig, denn für den Wiederaufbau des zerstörten Deutschlands wurden dringlich Lastwagen gebraucht. So zeigte sich ein kleiner Lichtblick, als ab dem Sommer 1945 bei Daimler-Benz die Lizenz-Produktion des „Blitz" Dreitonners wieder aufgenommen wurde; denn die technische Betreuung wurde den Opel-Werkstätten übertragen.

Aber auch an der Zukunft für die eigene Produktion wurde intensiv gearbeitet. Es gelang einerseits, das enorme Problem der Rohstoffengpässe zu lösen, und andererseits, die Genehmigung der Besatzungsmächte zur Wiederaufnahme der Fertigung am Standort Rüsselsheim zu erwirken. Da jedoch die Unterlagen und Einrichtungen verloren waren, musste man sämtliche Werkzeuge zur Herstellung von Fahrgestell, Getriebe, Achsen, Karosserie und Pritsche von vorhandenen Fahrzeugen kopieren.

Am 15. Juli 1946 war es dann so weit: Der erste Nachkriegs-„Blitz", ein 1,5-Tonner, lief

im Beisein amerikanischer Offiziere vom Band. Insgesamt wurden es dann in diesem schwierigen ersten Nachkriegsjahr 839 Fahrzeuge, ausgerüstet mit Benzinmotoren oder Holzgasgeneratoren. Ferner bestanden Möglichkeiten zur Umrüstung auf Dieselmotoren von Kämper und Selve. Dadurch war gerade in Zeiten mit Versorgungsengpässen ein wirtschaftlicher Betrieb der Fahrzeuge möglich.

Der „Blitz" blieb seinem guten Ruf auch in diesen schlimmen Nachkriegsjahren nichts schuldig – und die Produktionszahlen schnellten in die Höhe. 1947 waren es 3.219 Fahrzeuge, ein Jahr später schon 7.063 und 1949, dem Geburtsjahr der neuen Bundesrepublik Deutschland, liefen 11.574 Opel 1,5-Tonner vom Band. Bis 1951 waren es insgesamt 37.000 Exemplare dieses Typs.

Stand das Opel-Werk in Rüsselsheim zunächst noch unter der Kontrolle des US-Militärs, so bekam mit General Motors am 1. November 1948 wieder der Mutterkonzern das Sagen.

Im Winter 1949/50 wurden die bei Daimler-Benz in Mannheim noch vorhandenen Teilesätze und Produktionsmaterialien übernommen, womit auch die Herstellung des Dreitonners wieder anlaufen konnte. Im gleichen Zeitraum begann die Zusammenarbeit von Opel mit amerikanischen Konstrukteuren. Geplant war die Umstellung auf ein völlig neues Modell in der 1,75-Tonnen-Klasse, nach Vorlagen von Chevrolet. Dazu sollte noch ein Eintonner-Kastenwagen ins Programm genommen werden. Allerdings ließen sich diese Pläne so nicht umsetzen und es blieb zunächst bei zwei kleinen „Blitz"-Eintonner-Lieferwagen.

Ab Januar 1952 lief dann die Fertigung des neuen 1,75-Tonners an. Dieser neue „Blitz", optisch nach amerikanischem Vorbild gestaltet, mit breiter Alligatorschnauze und integrierten Kotflügeln, entwickelte sich von Beginn an zu einem großen Verkaufserfolg für

Typische „Schlammschlacht" auf einer Rollbahn in Rußland. Der Opel „Blitz" kam meistens durch.

Opel. Alleine 1954 wurden 13.165 Fahrzeuge dieses Typs hergestellt. Insgesamt brachte es der kleine Laster auf 89.767 Einheiten in so unterschiedlichen Versionen wie Pritschen- und Kastenwagen, Omnibus, Sattelschlepper und Kleinfeuerwehr. Daneben existierten Varianten für Post, Polizei und Kommunaldienst.

Für den wirtschaftlichen Einsatz im Kurzstreckenverkehr bestand die Möglichkeit, den „Blitz" auf Treibgas umzurüsten, wobei die Gasflaschen am Rahmen angebracht waren. Allerdings hatte Opel keine offenen Ohren für den vielfach geäußerten Kundenwunsch nach Dieselmotoren. Der folgte erst spät, zu spät, im Jahre 1968. Opel griff dabei, mangels eigener Aggregate, auf Peugeot-Triebwerke zurück. Aber der Absatz der aktuellen „Blitz"-Modelle ging immer mehr zurück und im Winter 1974/75 wurde daher die Einstellung der traditionsreichen Lkw-Fertigung beschlossen. Insgesamt 218.000 Nutzfahrzeuge mit dem Blitz am Kühler waren alleine nach dem Krieg in Rüsselsheim vom Band gelaufen. Zunächst blieb der Blitz noch in Gestalt des importierten Bedford „Blitz" erhalten, doch die Zulassungszahlen betrugen 1982 nur noch ganze 1.000 Fahrzeuge und im Jahre 1987 kam mit dem Verkauf des GM-Werkes in England das endgültige Aus für den einstigen Erfolgstyp.

Stoewer

Die Firma Stoewer, 1858 in Stettin als Nähmaschinenfabrik gegründet, fertigte ab 1893 Fahrräder, später auch noch Schreibmaschinen, bevor man sich ab 1899 erfolgreich dem Fahrzeugbau zuwandte. Zunächst erzielte man vor allem mit Elektrofahrzeugen gute Verkaufsergebnisse. Um 1905 fiel dann die Entscheidung, nur noch benzingetriebene Fahrzeuge zu bauen. Neben Last-

wagen entwickelten sich auch die Stoewer-Omnibusse zu Verkaufsschlagern. 1906 wurden beispielsweise 200 Doppeldeckerbusse nach London geliefert. Ein Jahr später erhielt man die Genehmigung zum Bau von Subventionslastwagen und 1908 war Stoewer der erste Hersteller, der einen Sechszylinder-Motor in ein Nutzfahrzeug einbaute. Es handelte sich dabei um einen Bus des Typs OS 6, der großes Interesse auslöste, aber in seinen Verkaufszahlen hinter den Erwartungen zurückblieb. Neben dem Kettenantrieb, der seinerzeit üblich bei Nutzfahrzeugen war, gab es aber 1913 bei Stoewer auch schon den Kardanantrieb im Programm. Exportiert wurden Stoewer-Fahrzeuge nach England, Italien, Skandinavien, Polen, Rumänien und Russland. Mit Ausbruch des 1. Weltkrieges fertigte man vornehmlich Regel-Dreitonner und Spezialfahrzeuge für das Militär, daneben aber auch in Lizenz Flugmotoren.

Nach 1918 blieben zunächst nur leicht modifizierte Vorkriegsmodelle im Verkaufsprogramm, zumal auch noch eine Menge produzierter Kriegslastwagen „auf Halde" stand. Erst ab 1924 erschien mit dem 1,5-Tonner 1T1 (28 PS) ein wirklich neues Modell, dem ein Jahr später der 3,5-Tonner 3T1 mit 40 PS folgte.

Im gleichen Zeitraum experimentierte Stoewer mit einem Achtzylinder-Sportwagen. Rennerfolge des Fahrzeugs hoben das Interesse an der Marke, führten jedoch zur Vernachlässigung des Nutzfahrzeugbereiches. Abhilfe versuchte man 1931 mittels Kooperation mit dem britischen Hersteller Morris Commercial Cars Ltd. (Birmingham) zu schaffen. Mittlerweile war man aber in finanzielle Schwierigkeiten geraten und musste den Bau von Nutzfahrzeugen einstellen. Man konzentrierte sich anschließend nur noch auf den Bau von Personenwagen und Flugmotoren in Lizenzfertigung.

Titan – Spezialfahrzeuge nach Maß

Anfang der Siebzigerjahre gründeten Ingenieure der ehemaligen Waggonfabrik Rastatt in Berghaupten-Gengenbach die Titan GmbH. Unter dem Motto „Spezialfahrzeuge nach Maß" wollte man individuelle Nutzer bedienen und Nischen von Groß-Herstellern füllen.

Neben Maschinen für den Forstbetrieb, Fahrzeuge für Brückenprüfeinrichtungen, Bergungskrane und Schlepper fanden auch Konstruktionen für Muldenkipper und Schwerlastzugmaschinen den Weg auf die Reißbretter. Ab 1977 als Titan GmbH in Appenweier ansässig, wurde in diesem Jahr auch die erste schwere Allrad-Zugmaschine (Typ Z 3242 S 6 x 6) vorgestellt. Die maximale Zuglast betrug 180 Tonnen. Als Antrieb diente ein Daimler-Benz-V-Motor mit 420 Pferdestärken Leistung. Das nimmt sich noch bescheiden heraus, wenn man die Leistung der schwersten Fahrzeuge heranzieht. Mitte der Achtzigerjahre kam man bis auf 1.250 Pferdestärken bei Zuglasten von 300 bis 1.000 Tonnen.

Titan fand einen interessanten Weg, die Produktions- und Entwicklungskosten niedrig zu halten, um so ausgesprochen günstige Verkaufspreise anbieten zu können: Man übernahm Serienteile von anderen Herstellern und hatte dadurch natürlich Vorteile im Wettbewerb. Das führte schließlich zu einem Lieferstopp seitens der Daimler-Benz AG. Bei MAN zeigte man sich dagegen kooperationswilliger und Titan konnte nun mit Komponenten aus München arbeiten.

Allradgetriebene Schwerlastzugmaschinen und Ölfeldfahrzeuge fanden in Nordafrika und Arabien zahlreiche Abnehmer – selbst in Asien, ein für europäische Hersteller bekanntermaßen sehr schwieriger Markt, konnte man sogar Fuß fassen.

Zu den interessanten Projekten, die man technisch umgesetzt hatte, die aber nicht in Serie gingen, gehört ein Getränketransporter mit oben liegendem Portalrahmen, der einen Container (4.300 x 2.490 x 2.000 Millimeter) vom Boden aufnehmen kann, und ein Volumenzug mit Frontantrieb, in der Zusammenarbeit mit der Firma Kässbohrer.

Neben dem Spezialgebiet „Schwere Haubenfahrzeuge für Spezialeinsätze" konstruierte Titan unter anderem auch das 8 x 8 Chassis für das Flugfeld-Löschfahrzeug „Simba" (Motorleistung: 1.200 Pferdestärken). Nach unten hin wurde das Zugmaschinenangebot mit einem umgerüsteten IVECO „Turbo-Star" abgerundet.

Seit 1994 hat die Firma Titan ihren Sitz in Backnang, einst die Heimat der Kaelble-Schwerfahrzeuge. Mittlerweile finden auch wieder Komponenten mit dem Mercedes-Stern Einzug in die Fertigung.

Auf Basis „Actros": schwere Zugmaschine der Firma TITAN

Röntgenblick: So sieht das Innenleben des Unimog U 1200 aus.

Wartungsfreundlich: Der Unimog ist sozusagen nach allen Seiten offen (U 40 auf dem Montageband, 1966).

Unimog: „(Fast) nichts ist unmöglich!"

Die Geburtsstunde dieses rustikalen Mehrzweckfahrzeuges schlug in der frühen Nachkriegszeit, als Albert Friedrich, ehemaliger Leiter der Daimler-Benz Flugmotorenfertigung, und sein ehemaliger Kollege Heinrich Rößler Gedanken entwickelten, einen Schlepper für die Land- und Forstwirtschaft zu konstruieren, wie es ihn damals noch nicht gab. Die Idee zu einer kompakten Mehrzweck-Zugmaschine hatte Friedrich bereits im Kriege gehabt, jetzt ging man daran, sie umzusetzen. Die Vorgaben für dieses Fahrzeug lauteten:

– Volle Geländegängigkeit: Allradantrieb (vier gleich große Räder mit Differenzialsperren)
– Größtmögliche Bodenfreiheit: Portalachsen mit Laufrad-Vorgelegen
– Kein Aufbäumen beim Zug schwerer Lasten: Gewichtsverteilung 2:1 (2/3 des Fahrzeuggewichtes auf der Vorderachse)
– Weit gespannter Geschwindigkeitsbereich (3–50 Stundenkilometer): für Gelände- und Straßenbetrieb
– Wetterschutz für den Fahrer: Führerhaus mit Verdeck
– Mitnahme kleiner Lasten bzw. Ballast: Hilfsladefläche
– Allseitiger Geräteanbau: Vordere Zapfwelle und Anbaumöglichkeiten
– Die Spurweite des Gefährts sollte mit 1.270 Millimeter zwei Kartoffelreihen entsprechen.

Aus verschiedenen Gründen, unter anderem verboten alliierte Bestimmungen die Fertigung von allradgetriebenen Fahrzeugen bei Daimler-Benz, erfolgte die Entwicklung der neuartigen Zugmaschine in der Gold- und Silberwarenfabrik Erhard & Söhne in Schwäbisch-Gmünd, einem ehemaligen Zulieferer von Mercedes aus der Kriegszeit. Umgesetzt wurde das Projekt in der nach heutigen Begriffen unglaublich kurzen Zeit von knapp sieben Monaten. Rund 200 Tage dauerte es nur von der ersten Zeichnung bis zum Beginn der Erpro-

bung. Aber damals gab es auch noch nicht so viele bürokratische Hemmnisse. Dafür war es eine Zeit des Improvisierens; denn Materialengpässe auf jedem Gebiet erschwerten die Entwicklung. Als die Erprobung des noch unkarossierten Fahrzeugs beginnen sollte, fehlten beispielsweise die geeigneten Geländereifen. Also musste man auf Personenwagenreifen mit normalem Straßenprofil ausweichen. Zwischen Frühjahr und Herbst 1946 waren allen Schwierigkeiten zum Trotz fünf Prototypen entstanden.

In das Projekt stieg 1947 die Werkzeugmaschinenfabrik Gebr. Boehringer (Göppingen) ein, die eine Null-Serie von zunächst 100 Fahrzeugen baute. Eine erste Probefahrt datiert vom 23. Oktober 1947. Da noch kein Dieselmotor (vorgesehen war der OM 636) zur Verfügung stand, wurde ein Benzinmotor aus dem Mercedes-Benz 170 V eingebaut. Die Gesamtfertigung bei Boehringer belief sich auf 600 Unimog, wie man den neuen Schlepper nun nannte. Sein Markenzeichen: Ein stilisierter Ochsenkopf mit Hörnern in Form eines „U".

Die Namensgebung hat einen interessanten Hintergrund: Laut der damaligen Bestimmungen durften seinerzeit Ackerschlepper und Geräteträger nicht schneller als 20 Stundenkilometer fahren. Straßenzugmaschinen und Lastwagen war es jedoch nicht erlaubt, landwirtschaftliche Anbaugeräte zu tragen. Findig, wie man damals sein musste, fand man den Ausweg in der Schaffung eines ganz neuen Typ-Begriffs, einer Fahrzeugart, die auf der einen Seite als landwirtschaftliche Zugmaschine eingestuft werden konnte, andererseits aber das für Ackerschlepper geltende „bauartbedingte" Limit umging. Der Konstrukteur Hans Zabel erfand den Namen dafür: „Universal-Motorgerät", kurz Unimog.

Die Fertigung bei Boehringer litt darunter, dass sehr viele Fremdfirmen in die Produktion einbezogen werden mussten, zum Beispiel kamen die Achsen von Hirth, die Pritsche von Spieth und die gesamte Karosserie von Erhard & Söhne. Daher wurde im Laufe des Jahres 1950 vereinbart, den Unimog zukünftig im Daimler-Benz-Werk Gaggenau herzustellen. Im Januar 1951 zog die Unimog-

Einsatzspektrum Baustelle: Der Unimog U 1550 als multivariables Einsatzgerät und Zugmaschine in einem

den Markt gebracht. Neben zivilen Nutzern hielt ab der Baureihe 404 (Unimog S), die 1955 vorgestellt wurde, auch das Militär Einzug in die Auftragsbücher. Die erste Serie ging an die französischen Streitkräfte, denn den Großabnehmer Bundeswehr gab es 1955 erst auf dem Papier; hier liefen die ersten Fahrzeuge ab 1956 zu. Aufgrund seiner überragenden Geländeeigenschaften lernten ihn in den letzten fünfzig Jahren Armeen in aller Welt zu schätzen. Bis heute ist der Unimog nicht aus den Fuhrparks kommunaler Behörden, Kastastrophenschutz und Feuerwehr wegzudenken und ebenso bei zivilen Nutzern zum unentbehrlichen Helfer geworden. Globetrotter wissen ihn als verlässliches Expeditionsfahrzeug zu schätzen und in Japan wurden sogar seine Eigenschaften als „Fun-Mobil" entdeckt. Mit einer Gesamtauflage von nur zehn Stück ist der „Black Edition Unimog" eins der exklusivsten Fahrzeuge der Welt. Von Brabus mit reichlich Carbon, Leder und Alcantara auf Super-Luxus getrimmt, empfiehlt sich dieser „Edelmog" wohl kaum fürs Gelände.

Mannschaft von Göppingen nach Gaggenau um. Start der Fertigung war der 3. Juni 1950 – allerdings noch unter dem Zeichen des Ochsenkopfes und ohne Mercedesstern. Der durfte erst ab 1953 den Kühlergrill schmücken und im Jahre 1956 verschwand auch der Ochsenkopf.

Die rationellere Fertigung bei Daimler-Benz senkte die Kosten, was wiederum den Vertrieb anheizte. Ab 1953 wurde das ursprüngliche Einheitsmodell ständig weiter entwickelt und in immer neuen Varianten auf

Aus dem kommunalen Bereich ist der Unimog nicht mehr wegzudenken. Hier ein U 1200 im Einsatz als Kehrmaschine.

David und Goliath: Der Unimog U 900 in seiner Einsatzrolle als Flugzeugschlepper bewegt mühelos den großen „Jumbo".

VOMAG – Solide Qualität aus dem Vogtland

1881 als Betrieb zur Herstellung von Stickmaschinen in Plauen gegründet, nahm die Vogtländische Maschinenfabrik AG (VOMAG) die Herstellung von Lastwagen im Jahre 1915 auf. Nach dem 1. Weltkrieg, in dem man Regeldreitonner für die Heeresverwaltung gebaut hatte, entwickelte sich das Unternehmen schnell weiter. Vor allem stand man technischen Neuerungen stets sehr aufgeschlossen gegenüber. Beispielsweise war der Kardanantrieb bei VOMAG gleich zu Beginn im Angebot.

1919 schloss man sich mit Dux, Magirus und Presto zur Vertriebsorganisation „Deut-

scher Automobil Konzern" (D.A.K.) zusammen. In diesem Kartell, das bereits 1926 wieder aufgelöst wurde, war VOMAG für den Bau der Drei- bis Fünftonner zuständig. 1922 entwickelte man mit der Firma Oekonom die ersten Sattelschlepper, „Oekonom Großflächenwagen" genannt. Ein Jahr später wurde ein Hydraulikkipper nach Patenten der Firma Tenner hergestellt. 1924 präsentierte man in Plauen einen ganz neuen Einblockmotor, der mit einem Zenith-Rohölvergaser ausgerüstet war. Mit dem K3A folgte ein etwas eigentümlich wirkender Dreiachser, dessen äußeres Merkmal die Mittelachse und, damit verbunden, ein langer Hecküberstand war. Die hintere Achse wurde durch eine Lenkungskinematik von der vorderen Achse gesteuert.

Interne Probleme, die schlechte Wirtschaftslage und vor allem das Fehlen eines Dieselmotors ließen VOMAG zum Ende der Zwanzigerjahre mehr und mehr ins Hintertreffen geraten. Schließlich fielen die Vogtländer aus den ersten 10 Plätzen der Zulassungsstatistik heraus. 1931 folgte die

Zahlungsunfähigkeit. Ab 1932 führte die VOMAG Betriebs-A.G. dann die Geschäfte weiter. 1934 wurde ein neues Fertigungsprogramm vorgestellt, dem auch ein Sattelschlepper angehörte. Kurz vor Kriegsbeginn 1939 erschienen mit den Typen 6LR 652 und 8LR 655 noch zwei modern konzipierte Fahrzeuge, denen jedoch keine große Zukunft mehr beschieden war. Nach Ende der Feindseligkeiten blieb von den VOMAG-Werken durch Demontage aller Anlagen und Sprengung der Werkshallen nichts mehr übrig.

Schmucker Werbeträger: dieser restaurierte VOMAG aus der letzten Baureihe mit abgerundeter Haube und stilisiertem „V" bei einem Veteranentreffen

Nach Originalvorbild restauriert: VOMAG 3LR 443 (3,5 t) aus dem Jahre 1939

Herstellerliste

Firmenname	Adresse	Firmenjahre
Adlerwerke, vorm. Heinrich Kleyer AG	Frankfurt am Main	1907–1934
Allgemeine Betriebs-AG für Motorfahrzeuge (ABAM)	Köln	1898–1905
Fahrzeugfabrik Ansbach GmbH	Ansbach	1906–1928
Apollo Werke AG	Apolda	1916–1928
Argus Motoren-Werke GmbH	Berlin	1906–1910
Audi-Werke AG	Zwickau	1912–1928
Benz & Cie. Rheinische Gasmotoren-Fabrik OHG	Mannheim	1895–1926
Bergmann-Electricitäts-Werke AG	Berlin	1910–1941
Berliner Electromobil- und Akkumulatorenfabrik (BEF), Fiedler & Co. KG	Berlin	1900–1913
Berliner Motorwagen-Fabrik GmbH	Berlin	1900–1920
Motorlastwagenfabrik Bindewald-Albrecht	Friedberg	1905–1907
Kraftfahrzeugwerke Brandenburg GmbH	Brandenburg/Havel	1904–1905
Heinrich Büssing, Specialfabrik für Motorlastwagen, Motoromnibusse und Motoren	Braunschweig	1903–1971
Gottlieb Daimler-Fabrik	Cannstatt	1896–1926 danach Daimler Benz
Deutsche Automobil-Industrie Friedrich Hering oHG	Gera	1902–1922
Deutsche Last-Automobil-Fabrik AG (DAAG)	Ratingen	1910 1929
Gasmotoren-Fabrik Deutz AG	Köln	1914–1921
Leon Ducommun & Cie., Werkstätte für Maschinenbau	Mühlhausen (Elsaß)	1898–1905
Bielefelder Maschinenfabrik, vorm. Dürkopp & Co.	Bielefeld	1899–1929
Dux-Automobilwerke AG	Leipzig	1909–1926
Heinrich Ehrhardt Automobilwerke AG	Düsseldorf	1904–1925
Fahrzeugfabrik Eisenach AG	Eisenach	1902–1928
Elite-Motoren oHG	Berlin	1913–1929
(Fafnir) - Carl Schwanemeyer; Aachener Stahlwarenfabrik	Aachen	1912–1928
Frankfurter Maschinenbau AG (FMA)	Frankfurt am Main	1918–1929
Ernst Heinrich Geist Elektrizitäts-AG	Köln	1905–1909
Waggonfabrik J. P. Goossens, Lochner & Co.	Brand bei Aachen	1913–1928
Kölner Akkumulatoren-Werke Gottfried Hagen & Cie. GmbH	Köln	1900–1911
Rudolph Hagen & Cie. GmbH	Köln	1897–1903
Hannoversche Maschinenbau AG (Hanomag)	Hannover	1905–1973
Victor Harhorn & Co. GmbH	Berlin	1897
Berliner Maschinenfabrik Hentschel & Co. GmbH	Berlin	1899–1918

Firmenname	Adresse	Firmenjahre
Nürnberger Hercules-Werke AG	Nürnberg	1898–1928
Dresdner Gasmotorenfabrik AG, vorm. Moritz Hille	Dresden	1911–1926
August Horch & Cie., Motorwagenwerke AG	Zwickau	1909–1928
Carl Kaeble Motoren- und Maschinenfabrik oHG	Backnang	1907–1987
C. Kliemt, Wagenfabrik	Berlin	1895–1903
Karl Franz Komnick & Söhne GmbH, Automobilfabrik	Elbing	1913–1930
Friedrich Krupp AG, Germaniawerft	Kiel	1906–1968
Kühlstein Wagenbau-Gesellschaft OHG	Berlin	1899–1902
H. Lamprecht	Jauer (Schlesien)	1907–1908
Ludwig Loeb & Co. (LUC) Automobilfabrik GmbH	Berlin	1911–1924
C. D. Magirus, Ulmer Feuerlöschgeräte- und Leiternfabrik	Ulm	1903–1983 ab 1983 zu IVECO
MAN-Saurer-Lastwagen GmbH	Nürnberg	1915–heute
Motorfahrzeug und Motorenfabrik AG/ Daimler-Motoren-Gesellschaft (DMG)	Marienfelde	1898–1902
Emil Hermann Nacke, Automobil- und Maschinenfabrik	Coswig (Sachsen)	1900–1930
Neckarsulmer Fahrzeugwerke AG (NSU)	Neckarsulm	1914–1925
Neue Automobil GmbH	Berlin	1903–1930
Norddeutsche Automobil- und Motoren-Fabrik AG (NAMAG); Hansa-Lloyd-Werke	Bremen	1906–1938 1938–1961 Borgward
Nürnberger Feuerlöschgeräte- und Maschinenfabrik, vorm. Justus Christian Braun (später FAUN)	Nürnberg	1890–heute
Adam Opel KG	Rüsselsheim	1910–1975
Paul Heinrich Podeus, Maschinenfabrik	Wismar	1902–1918
Motorenfabrik Köln, Priamus Automobilwerke GmbH (PAG)	Köln	1910–1922
Protos Automobilwerk Nonnendamm GmbH	Berlin	1908–1927
Roth GmbH, Motorlastwagenfabrik	Schöningen	1907–1910
Heinrich Scheele, Kraftfahrzeugfabrik	Köln	1899–1928
Motorenfabrik Fritz Scheibler; Motoren- & Lastwagen AG (Mulag); Mannesmann-Mulag	Aachen	1901–1928
Siemens & Halske AG	Berlin	1899–1907
Gebr. Stoewer, Fabrik für Motorfahrzeuge oHG	Stettin	1900–1931
Süddeutsche Automobil-Fabrik GmbH (SAF)	Gaggenau	1904–1910
SUN-Motorwagen-Gesellschaft (Emil und Henry Jeanin)	Berlin	1906–1908
Union-Werk AG	Mannheim	1914–1921
Vogtländische Maschinenfabrik AG (Vomag)	Plauen	1915–1944

Danksagung

Klaus Fischer
Alfred Gottwaldt
Henry Hoppe
Kurt Theopold und Mike D. Willig (Nutzfahrzeug-Veteranen-Gemeinschaft
NVG – www.n-v-g.de)
Barbara Krautgartner (Kässbohrer)
Michael Armbruster (TADANO FAUN)
Christian Bremer (FAUN Expotec GmbH)
Karl-Heinz Kellner (MAN, Historisches Archiv)
Carolin Bock und Dr. Gerold Dobler (Liebherr)
Otto Freytag (Freytag Karosseriebau, Wülfingen)
Manfred Kuchlmayr (IVECO, Ulm)
Richard Schwarz (IVECO, Ulm – Historisches Archiv Magirus)
Horst-Dieter Görg (Hanomag-Archiv)
Jürgen Köppen (Dr. Oetker Firmenarchiv, Bielefeld)
Heino Uekermann (Brauerei Felsenkeller, Herford)
Elke Bleuel (FULDA-Reifen GmbH & Co. KG, Fulda)
Elke Hildebrandt (F. X. Meiller GmbH & Co. KG, München)
Tadeusz Kowalczyk
Udo Paulitz
Jutta Hofer (John Deere, Mannheim; Lanz-Archiv)
Fa. AUDI AG
Fa. DaimlerChrysler

Ein ganz besonderer Dank gilt Petra, für die tolle Unterstützung!!

Literaturliste

Gebhardt: „Deutscher Zugmaschinenbau" (Stuttgart, 1988)
von Fersen (Hrsg.): „Ein Jahrhundert Automobiltechnik" (Düsseldorf, 1987)
Gebhardt: „Taschbuch Deutscher Lkw-Bau" (Stuttgart, 1989)
Röcke: „Alles über den Mercedes-Benz Actros" (Daimler-Benz AG, 1997)
Cole: „Mercedes Benz Lastwagen" (Augsburg, 1999)
Hesse: „Henschel Lkws" (Stuttgart, 1988)
Paulitz: „Alte Laster – Pritschenwagen" (Stuttgart, 1989)
Paulitz: „Alte Laster – Geschlossene Aufbauten/Sonderkonstruktionen"
(Stuttgart, 1993)
Paulitz: „Veteranen der Straße – Deutsche Laster im Wirtschaftswunder"
(Stuttgart, 1996)
Görg, Reipsch: „Lastkraftwagen von Hanomag" (Bielefeld, 2006)
Oswald: „Lastwagen, Lieferwagen, Transporter 1945–1988" (Stuttgart,
1989)
Häfner, Häfner: „MAN: Typenprofile und Prospekte – Die Geschichte der
Eckhauber von 1915–1960" (Stuttgart, 2000)
Suhr: „Typenkompass – DDR-Lastwagen 1945–1990" (Stuttgart, 2005)
Sanguineti, Zampini Salazar: „IVECO" (Stuttgart, 1995)
Rabe: „Der Zukunft ein Stück voraus – 125 Jahre Magirus" (Düsseldorf,
1989)
Rabe: „Riesen auf Rädern" (Braunschweig, 1987)
Husemann: „Bau-Fahrzeuge" (Stuttgart, 2002)
Schrader-Motor-Chroniken (Div. Ausgaben)
Fachmagazin Historischer Kraftverkehr (Div. Ausgaben)
Polster: „Super oder normal" (Ostfildern, 1996)
Fachmagazin „Last & Kraft" (Div. Ausgaben), ETM-Verlag
Fachmagazin „Fernfahrer", ETM-Verlag
Fachmagazin „Lastauto Omnibus", ETM-Verlag
Fulda-Jubiläumsband: „In Bewegung, On The Move", Gummiwerke Fulda
(2000)
Meiller-Jubiläumsband: „Aus Tradition Innovation" (2000)
Kahlert: „Heinrich Büssing – Signatur eines Unternehmers" (München, 1991)
„Nutzfahrzeug-Archiv", Archiv-Verlag
Hofelich „Die Geschichte des Mercedes-Benz UNIMOG" (München, 1990)

Bildnachweis

Archiv Alfred Gottwald	8, 35 o., 35 u., 36, 108, 111
Archiv Audi AG	71 u., 75 u., 76
Archiv DaimlerChrysler	10, 11 o., 11 u., 12, 13, 15,
	16, 17, 29, 37 o., 37 u., 51 u., 54, 56, 57, 58, 60, 64,
	80, 81 o., 81 u., 82, 83, 84, 85, 87, 88, 89, 90,
	91 o., 91 u., 92, 93, 94, 95, 96, 97, 98, 99 o.,
	99 u., 159, 160 o., 160 u., 161, 162 o., 162 u.
Archiv FAUN Expotec	100 o.
Archiv Fulda-Werke	25
Archiv Henry Hoppe	49, 66, 68, 79, 102, 134,
	154, 155, 156, 157
Archiv Karosseriebau Freytag	103, 104, 106 u.,
	113, 136, 137, 138 o., 138 u., 140
Archiv MAN/Büssing	18, 22, 26, 31, 32, 42, 46, 52,
	59, 61, 62, 63 o., 63 u., 71 o., 74, 142, 143 o.,
	143 u., 144, 146 o., 146 u., 147, 149, 151,
	152 o., 152 u., 153 o., 153 u.
Archiv Meiller	150 o., 150 u.
Archiv TADANO-FAUN	100 u., 101
Büssing Werksarchiv	70
Firmenarchiv Dr. Oetker	75 o.
Fischer, Klaus	68, 105
Historisches Archiv IVECO/Magirus	19, 20, 39, 44,
	45, 50, 51 o., 118 u., 119, 120, 121, 122,
	123 o., 123 u., 124, 125, 126, 127, 128, 129, 130
Holl-Archiv	135
John Deere Mannheim, Lanz-Archiv	33, 34
Kieselbach, Ralf J.F.	114, 116
Kowalczyk, Tadeusz	78
Liebherr	141 o., 141 u.
Nutzfahrzeug-Veteranen-Gesellschaft NVG	107, 112 u.
Paulitz, Udo	72, 73, 77, 112 o., 115 o., 115 u., 117 o.,
	117 u., 118 o., 131 o., 131 u., 133
Sammlung Terlisten	110
Westerwelle, Wolfgang	106 o., 163 o., 163 u.

Alle Bildgeber und Rechteinhaber wurden nach bestem Wissen und Gewissen recherchiert. Dennoch ist es möglich, dass nicht alle Inhaber der Bildrechte vollständig ermittelt werden konnten. Bei berechtigten Ansprüchen wird darum gebeten, mit dem Verlag Kontakt aufzunehmen.

Geballte Kraft & Technik

Die ganze Welt der Traktoren, ihre Geschichte und die Technik werden detailliert und mit vielen Abbildungen vorgestellt.

Albert Mößmer
Das große Buch der Traktoren
Typen, Technik, Einsatz
168 Seiten, ca. 180 Abb.,
22,3 x 26,5 cm,,
Hardcover mit Schutzumschlag
ISBN 978-3-7654-7788-1

So vielfältig wie die Arbeit der Feuerwehr sind auch ihre Fahrzeuge. Der Bildband zeigt aktuelle deutsche Modelle mit allen Infos zu Technik und Einsatz.

Klaus Fischer
Das große Feuerwehr-Typenbuch
Die aktuellen Einsatzfahrzeuge
168 Seiten, ca. 180 Abb.,
22,3 x 26,5 cm,
Hardcover
ISBN 978-3-7654-7791-1

Die Typenkunde »Feuerwehr-Unimog« beschreibt die zahlreichen Fahrzeug-varianten der automobilen Legende zur Rettung, Bergung und Brandbe-kämpfung.

Dirk Biemer
Feuerwehr-Unimog
Geschichte, Typen, Technik
168 Seiten, ca. 200 Abb.,
22,3 x 26,5 cm,
Hardcover
ISBN 978-3-7654-7787-4

Einblicke in die Geschichte der Kraftfahrzeuge

Faszinierende Sonderkonstruktionen von BMW in allen Details vorgestellt – ein Bildband voller Highlights für Fans der Marke und alle Technikbegeisterte!

Ralf J.F. Kieselbach
BMW Raritäten
Autos, die nie in Serie gingen
168 Seiten, ca. 180 Abb.,
22,3 x 26,5 cm,
Hardcover mit Schutzumschlag
ISBN 978-3-7654-7806-2

Endlich erzählt: die Geschichte vom »Wiederaufbaumotorrad« bis zum Ende der großen Traditionsmarken! Eine Lücke in der Zweiradhistorie ist geschlossen.

Friedrich Ehn
Auf Zweirädern ins Wirtschaftswunder
Mopeds und Motorräder der Nach-kriegszeit
144 Seiten, ca. 160 Abb.,
22,3 x 26,5 cm,
Hardcover mit Schutzumschlag
ISBN 978-3-7654-7784-3

Das »Handbuch für Kraftfahrer« ist eine fesselnde Zeitreise in die 30er- und 40er-Jahre. Wir drucken das damalige Standardwerk der Kfz Technik originalgetreu nach.

Handbuch für Kraftfahrer
Reprint der Ausgabe aus dem Jahr 1942
376 Seiten, ca. 485 Abb.,
17,0 x 24,0 cm,
Hardcover
ISBN 978-3-7654-7800-0